光伏发电系统的安装与调试实训教程

主　编　庞新民

副主编　谯　健　庄欠芬　石现良

合肥工业大学出版社

图书在版编目(CIP)数据

光伏发电系统的安装与调试实训教程/庞新民主编. --合肥:合肥工业大学出版社，2024. -- ISBN 978 - 7 - 5650 - 6748 - 8

Ⅰ. TM615

中国国家版本馆 CIP 数据核字第 202422EW67 号

光伏发电系统的安装与调试实训教程
GUANGFU FADIAN XITONG DE ANZHUANG YU TIAOSHI SHIXUN JIAOCHENG

主编　庞新民		责任编辑　毕光跃　郭　敬	
出　版	合肥工业大学出版社	版　次	2024 年 7 月第 1 版
地　址	合肥市屯溪路 193 号	印　次	2024 年 7 月第 1 次印刷
邮　编	230009	开　本	787 毫米×1092 毫米　1/16
电　话	理工图书出版中心:0551 - 62903004	印　张	15
	营销与储运管理中心:0551 - 62903198	字　数	245 千字
网　址	press. hfut. edu. cn	印　刷	安徽联众印刷有限公司
E-mail	hfutpress@163. com	发　行	全国新华书店

ISBN 978 - 7 - 5650 - 6748 - 8　　　　　　　　　　　　　定价：39.80 元

如果有影响阅读的印装质量问题,请与出版社营销与储运管理中心联系调换。

编 委 会

主　编　庞新民

副主编　谯　健　庄欠芬
　　　　石现良

编　委　张　尧　张良良
　　　　王春青　付海丽
　　　　高洪辉　杨　敏
　　　　王沛沛　王素梅
　　　　王　伟　姜云青
　　　　宋修勇　董延峰
　　　　李　敏　魏　越
　　　　李　腾　郝　燕
　　　　杨晓斌

前　言

随着碳达峰、碳中和的"双碳"目标的提出,我国各行业的转型与发展面临新的要求。电力行业作为我国实现"双碳"目标的关键行业与重要领域,能够为全社会"双碳"目标的实现提供有力支撑。党的二十大报告中强调"加快规划建设新型能源体系"。要构建新能源占比逐渐提高的新型电力系统,推动清洁电力资源大范围优化配置。因此,新型电力系统是新型能源体系的重要组成和实现"双碳"目标的关键载体。当前,我国传统电力系统正向清洁低碳、安全可控、灵活高效、开放互动、智能友好的新型电力系统演进。我国已提出到 2030 年风电、太阳能发电总装机容量达到 12 亿 kW 以上的目标。随着光伏发电的高质量快速发展,光伏发电在我国新型能源体系构建中将发挥重要作用。

光伏产业是一个潜力无限的新兴产业,在"双碳"目标下,人们越来越重视清洁的、可再生能源——太阳能的开发和利用,光伏技术和光伏产业也越来越受到世界各国的重视。随之而来的分布式新能源的开发利用,也成为新型能源体系中的重要一环。

本书编者为了满足职业教育发展的要求,提升光伏发电技术类专业学生的光伏发电理论知识水平、实践操作技能水平和职业综合素质,以分布式光伏发电为例编写了本书。本书包括光伏发电系统概述、光伏发电系统组成、分布式光伏发电实训系统基础实训、分布式光伏发电实训系统逻辑控制实训、分布式光伏发电实训系统远程控制实训 5 个项目 20 个任务等内容。各项目以典型工作任务为手段,通过学做合一训练,达到使学生掌握光伏发电系统理论、提高实际安装与调试水平、解决生产实际问题的目的。《光伏发电系统的安装与调试实训教程》具有以下特色。

(1)《光伏发电系统的安装与调试实训教程》具有"三真"特色,即真实的项目实例、真实的建设过程、真正的行业(职业)标准。

(2)与山东格瑞能源科技有限公司合作共同编写,与生产对接,实用性强。所有项目均来自企业真实的案例,山东格瑞能源科技有限公司石现良、杨晓斌具有丰富的光伏行业经验。

　　本书是在多年新能源类专业教学和实践的基础上,根据职业岗位知识和技能的需求,结合职业教育的办学定位编写而成的,为职业教育新能源类专业的系列化教材之一。

　　本书适用于职业学校、技师学院新能源类及电类相关专业,是光伏发电系统课程配套教材,对从事光伏发电系统安装与调试的工程技术人员也有一定的参考价值。由于编者水平有限,书中不妥之处在所难免,敬请读者批评指正,以便进一步完善本书,读者反馈邮箱:1010259163@qq.com。本书配备配套教学资源,需要请联系 15251858570,QQ:1263376988。

编　者

2024 年 6 月

目　录

光伏发电系统概述

项目目标

1. 了解光伏发电系统的发展前景；

2. 了解光伏发电的应用场合；

3. 掌握光伏发电的特点；

4. 掌握离网光伏发电系统组成及各组成部分的作用；

5. 掌握并网光伏发电系统的四种形式结构；

6. 学会光伏电站常用运维仪器仪表及器具的使用方法。

项目描述

基于当今全球能源供需格局的变化及全球能源的匮乏，新能源产业的发展已成为一个国家构建新经济模式和重塑国家长期竞争力的驱动力量。它是衡量一个国家和地区高新技术发展水平的重要依据。2016 年国家能源局颁布的《太阳能发展"十三五"规划》曾特别指出，当下我们的重要任务是推进分布式光伏和"光伏＋"应用，而《中华人民共和国国民经济和社会发展第十四个五年规划和2035 年远景目标纲要》又明确指出推动绿色发展，持续改善环境质量，加快发展方式绿色转型。由此可见，发展光伏产业势在必行。

任务一　认识光伏发电系统案例背景

🔔 任务描述

光伏发电系统契合目前新能源电子产业、光伏工程技术应用、信息化运维等典型岗位用人需求的设计思路。基于对新能源应用系统的实现原理、性能特性的深刻研究，整合能源发电技术、传感技术、信息通信技术、能源管控技术和仿真规划模拟技术，是高度集合而成的学科递进式的光伏工程实训系统。

💠 相关知识

一、光伏发电产业前景

回顾能源工业的发展历史，人类正在消耗地球积累了 50 万年的有限能源资源——煤和石油。这虽然极大地解放了生产力，但同时也向人类敲响了常规能源正面临枯竭的警钟。有关资料显示，人类已确知的石油储备将只能用 40 余年，天然气 60 余年，煤大约 200 年。另外，以化石能源为主体的能源结构，对人类环境的破坏是显而易见的。每年排放的二氧化碳达 210 万吨，并呈逐年上升的趋势，从而造成冰雪消融、冰川退缩、全球气候变暖等环境问题。能源短缺和环境保护是 21 世纪经济和能源领域非常重要的课题之一。因此，目前国际上对太阳能资源的利用十分重视。

1954 年贝尔实验室的第一块单晶硅太阳能电池面世，为世界能源提供了新的希望。20 世纪 70 年代以来，世界上许多国家掀起了开发利用太阳能和可再生能源的热潮。利用太阳能发电的光伏发电技术已被用于许多需要电源的场合。上至航天器，下至家用电源；大到兆瓦级电站，小到儿童玩具，光伏电源无处不在。

由于太阳能光伏发电具有诸多优点，其研究开发、产业化制造技术及市场开拓已经成为当今世界各国，特别是发达国家激烈竞争的主要热点。

目前我国已形成成熟且具有竞争力的光伏产业链，在国际上处于领先地位。2015—2019 年，我国新增和累计光伏装机容量保持全球第一。2015 年全年新增装机量 1513 万 kW，累计装机容量 4318 万 kW，全年发电量为 392 亿 kW·h；2016 年全年新增装机量 3454 万 kW，累计装机容量 7772 万 kW，全年发电量为 662 亿 kW·h；2017 年全年新增装机量 5306 万 kW，累计装机容量 13004 万 kW，全年发电量为 1182 亿 kW·h;2018 年全年新增装机量 4426 万 kW,累计装机容量 1.74 亿 kW,全年发电量为 1775 亿 kW·h;2019 年全年新增装机量 3011 万 kW,累计装机容量 20430 万 kW,全年发电量为 2243 亿 kW·h,提前一年完成"十三五"规划的装机任务,光伏发电成为我国第四大发电能源。光伏发电全年新增装机量及全年发电量如图 1-1-1 所示。

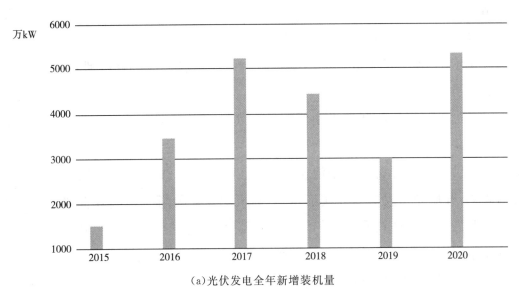

(a)光伏发电全年新增装机量

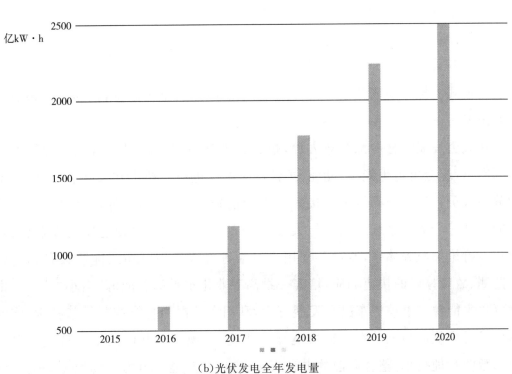

(b)光伏发电全年发电量

图 1-1-1 光伏发电全年新增装机量及全年发电量

二、我国可再生能源"十四五"规划

国家发展和改革委员会、国家能源局等 9 部门联合印发《"十四五"可再生能源发展规划》(以下简称《规划》)。《规划》明确："2025 年,可再生能源年发电量达到 3.3 万亿千瓦时左右。'十四五'期间,可再生能源发电量增量在全社会用电量增量中的占比超过 50%,风电和太阳能发电量实现翻倍。"

围绕加大可再生能源关键技术攻关力度、加快培育新模式新业态、提高产业链现代化水平、提升供应链弹性韧性等方面,《规划》提出,要坚持创新驱动,高质量发展可再生能源。

一是加大可再生能源技术创新攻关力度。在加强可再生能源前沿技术和核心技术装备攻关方面,加强前瞻性研究,加快可再生能源前沿性、颠覆性开发利用技术攻关。重点开展超大型海上风电机组研制、高海拔大功率风电机组关键技术研究,开展光伏发电户外实证示范,掌握钙钛矿等新一代高效低成本光伏电池制备及产业化生产技术,突破适用于可再生能源灵活制氢的电解水制氢设备关键技术,研发储备钠离子电池、液态金属电池、固态锂离子电池、金属空气电池、锂硫电池等高能量密度储能技术。

二是培育可再生能源发展新模式新业态。

在推动可再生能源智慧化发展方面,推动可再生能源与人工智能、物联网、区块链等新兴技术深度融合,发展智能化、联网化、共享化的可再生能源生产和消费新模式。推广新能源云平台应用,汇聚能源全产业链信息,推动能源领域数字经济发展。

在大力发展综合能源服务方面,依托智能配电网、城镇燃气网、热力管网等能源网络,综合可再生能源、储能、柔性网络等先进能源技术和互联通信技术,推动分布式可再生能源高效灵活接入与生产消费一体化,建设冷热水电气一体供应的区域综合能源系统。发展与大规模分布式可再生能源相适应的专业化、网格化运行维护服务体系,通过移动用户终端等方式实现分布式能源设备运行状态监测、故障检修的快速响应,培养一批高专业化水平的新能源"店小二"。在推动可再生能源与电动汽车融合发展方面,利用大数据和智能控制等新技术,将波动性可再生能源与电动汽车充放电互动匹配,实现车电互联。采用现代信息技术与智能管理技术,整合分散的电动汽车充电设施,通过电力市场交易等促进可再生能源与电动汽车互动发展。

三是提升可再生能源产业链供应链现代化水平。在锻造产业链供应链长板方面,推动可再生能源产业优化升级,加强制造设备升级和新产品规模化应用,实施可再生能源产业智能制造和绿色制造工程,推动产业高端化、智能化、绿色化发展。

四是完善可再生能源创新链。在加强科技创新支撑方面,加大对能源研发创新平台支持力度,重点支持可再生能源、新型电力系统、规模化储能、氢能等技术领域,整合资源、组织力量对核心技术方向实施重大科技协同研究和重大工程技术协同创新。加大高水平人才培养与引进力度,鼓励各类院校开设可再生能源专业学科并与企业开展人才培养合作,完善可再生能源领域高端人才引进机制,完善人才评价和激励机制,造就一批具有国际竞争力的科技人才与创新团队。

三、"十四五"我国光伏产业的主要发展目标

2022年1月5日,工业和信息化部、住房和城乡建设部、交通运输部、农业农村部、国家能源局联合印发《智能光伏产业创新发展行动计划(2021—2025年)》,提出以构建智能光伏产业生态体系为目标,坚持市场主导、政府支持,坚持创新驱动、产融结合,坚持协同施策、分步推进,把握数字经济发展趋势和规律,促进5G通信、人工智能、先进计算、工业互联网等新一代信息技术与光伏产业融合创新,加快提升全产业链智能化水平,增强智能产品及系统方案供给能力,鼓励智能光伏行业应用,促进我国光伏产业持续迈向全球价值链中高端。

主要目标如下。

(一)产业生态建设

新型高效太阳能电池量产化转换效率显著提升,形成完善的硅料、硅片、装备、材料、器件等配套能力,智能光伏产业生态建设基本完成。

(二)制造水平方面

与5G通信、人工智能、先进计算、工业互联网等新一代信息技术融合水平逐步提升,智能制造、绿色制造取得明显进展,智能光伏产品供应能力增强。

(三)市场应用方面

智能光伏特色应用领域大幅拓展,在绿色工业、绿色建筑、绿色交通、绿色农业、乡村振兴及其他新型领域应用规模逐步扩大,形成稳定的商业模式,有效满

足多场景大规模应用需求。

另外,在细分产业发展方面,提出要推进智能光伏产业链技术创新,加快大尺寸硅片、高效太阳能电池及组件等研制和突破;夯实配套产业基础,推动智能光伏关键原辅料、设备、零部件等技术升级。《智能光伏产业创新发展行动计划(2021—2025 年)》的出台对国内光伏发电装备产业的创新发展提出了更高的要求。

◎ 任务实施

参观××光伏发电企业,填写企业参观记录表,见表 1-1-1 所列。

表 1-1-1　企业参观记录表

参观企业	
参观时间	
主要人员	
单位地点	
企业情况记录:	
参观方式及说明:	
参观流程计划(可附页):	
心得体会:	
本人签字:	年　　月　　日

任务二　初识光伏发电系统

🔔 任务描述

　　太阳能发电技术有两大类,分别是光热发电和光伏发电。通常所说的太阳能发电是指光伏发电。光伏发电系统的规模和应用形式有简单和复杂之分。例如最简单的光伏发电系统,仅由光伏组件和负载组成;复杂的光伏发电系统则主要由光伏阵列、控制器、蓄电池、逆变器、汇流箱、交直流配电柜、系统检测与计量设备等部件组成。

💎 相关知识

一、离网光伏发电系统

(一)离网光伏发电系统组成

1. 典型离网光伏发电系统

典型离网光伏发电系统如图1-2-1所示,主要包括光伏阵列(太阳能电池

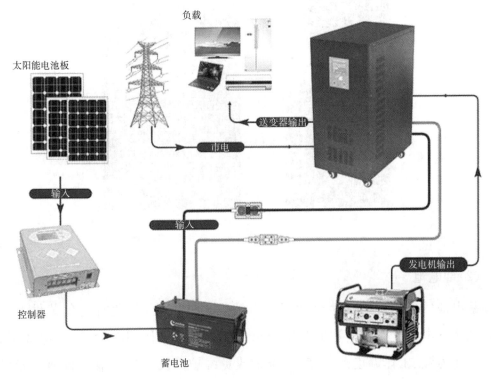

图1-2-1　典型离网光伏发电系统

板)、控制器、蓄电池、逆变器和负载等。光伏发电的核心部件是太阳能电池板,它将太阳光的光能直接转换成电能,并通过控制器把太阳能电池板产生的电能存储于蓄电池中;当负载用电时,蓄电池中的电能通过控制器被合理地分配到各个负载上。太阳能电池板所产生的电流为直流电,可以直接以直流电的形式应用,也可以通过交流逆变器将其转换为交流电,供交流负载使用。太阳能发电的电能可以即发即用,也可以用蓄电池等储能装置存储起来。

2. 离网光伏发电系统各部件功能

(1)太阳能电池组件

太阳能电池组件也叫太阳能电池板,是太阳能发电系统的核心部分。其作用是将太阳光的辐射能量转换为电能,并送往蓄电池中存储起来,也可以直接用于推动负载工作。当发电容量较大时,就需要用多块电池组件串联、并联后构成太阳能电池方阵。目前应用的太阳能电池主要是晶体硅电池,其分为单晶硅太阳能电池、多晶硅太阳能电池和非晶硅太阳能电池等几种。单晶硅和多晶硅太阳能电池如图 1-2-2 所示。

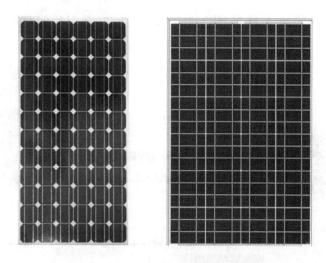

图 1-2-2 单晶硅和多晶硅太阳能电池

(2)蓄电池

蓄电池的作用主要是存储太阳能电池发出的电能,并随时向负载供电。太阳能光伏发电系统对蓄电池的基本要求:自放电率低、使用寿命长、充电效率高、深放电能力强、工作温度范围宽、少维护或免维护以及价格低廉。目前与光伏系统配套使用的蓄电池主要是免维护铅酸电池,在小型、微型系统中,也可用镍氢电池、镍镉电池、锂电池或超级电容器。当需要存储大容量电能时,就需要将多只蓄电池串联、并联起来构成蓄电池组。蓄电池如图 1-2-3 所示。

图 1-2-3　蓄电池

（3）太阳能光伏控制器

太阳能光伏控制器的作用是控制整个系统的工作状态,其功能主要有防止蓄电池过充电保护、防止蓄电池过放电保护、系统短路保护、系统极性反接保护、夜间防反充保护等。在温差较大的地方,太阳能光伏控制器还具有温度补偿的功能。另外,太阳能光伏控制器还有光控开关、时控开关等工作模式,以及充电状态、蓄电池电量等各种工作状态的显示功能。太阳能光伏控制器一般分为小功率、中功率、大功率和风光互补控制器等。如图 1-2-4 所示。

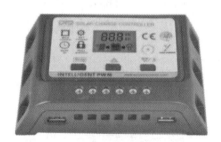

图 1-2-4　太阳能光伏控制器

（4）逆变器

逆变器是把太阳能电池组件或者蓄电池输出的直流电转换成交流电并供给电网或者交流负载使用的设备。逆变器按运行方式可分为离网逆变器和并网逆变器。离网逆变器用于独立运行的太阳能发电系统,为独立负载供电。并网逆变器用于并网运行的太阳能发电系统。如图 1-2-5 所示为离网逆变器。

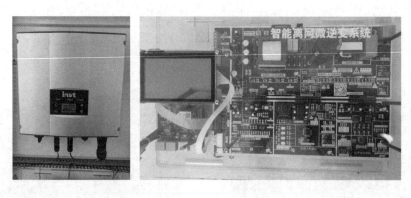

图 1-2-5　离网逆变器

(二)离网光伏发电系统分类

离网光伏发电系统又可分为直流光伏发电系统和交流光伏发电系统,以及交流、直流混合光伏发电系统。直流光伏发电系统又可分为无蓄电池的直流光伏发电系统和有蓄电池的直流光伏发电系统。

1. 无蓄电池的直流光伏发电系统

无蓄电池的直流光伏发电系统如图 1-2-6 所示。该系统的特点是用电负载是直流负载,对负载使用时间没有要求,负载主要在白天使用;光伏板组件与用电负载直接连接,有阳光时就发电供负载工作,无阳光时就停止工作;系统不需要使用控制器,也没有蓄电池储能装置。该系统的优点是避免了能量通过控制器及在蓄电池的存储和释放过程中的损失,提高了太阳能的利用效率。这种系统最典型的应用是太阳能光伏水泵。

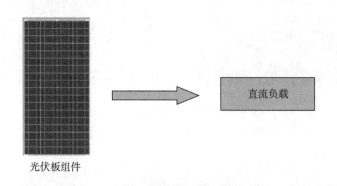

直流负载

光伏板组件

图 1-2-6　无蓄电池的直流光伏发电系统

2. 有蓄电池的直流光伏发电系统

有蓄电池的直流光伏发电系统如图 1-2-7 所示。该系统由光伏板组件、充放电控制器、蓄电池及直流负载等组成。有阳光时,光伏板组件将光能转换为电能供负载使用,并同时向蓄电池存储电能。夜间或阴雨天时,则由蓄电池向负载供电。这种系统应用广泛:小到太阳能草坪灯、庭院灯,大到远离电网的移动通信基站、微波中转站、边远地区农村供电等,这种系统都有应用。当系统容量和负载功率较大时,就需要配备太阳能电池方阵和蓄电池组了。

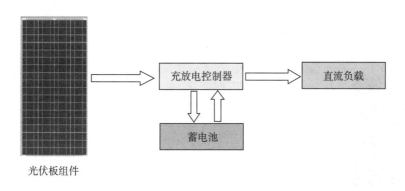

图 1-2-7 有蓄电池的直流光伏发电系统

3. 交流及交流、直流混合光伏发电系统

交流及交流、直流混合光伏发电系统如图 1-2-8 所示。与直流光伏发电系统相比,交流光伏发电系统多了一个逆变器,其用以把直流电转换成交流电,为交流负载提供电能。交流、直流混合光伏发电系统则既能为直流负载供电,又能为交流负载供电。

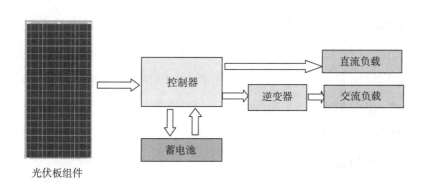

图 1-2-8 交流及交流、直流混合光伏发电系统

4. 市电互补型光伏发电系统

所谓市电互补型光伏发电系统(图 1-2-9),就是在独立光伏发电系统中以太阳能光伏发电为主,以 220 V 交流电补充电能为辅。这样光伏发电系统中太

阳能电池和蓄电池的容量都可以设计得小一些,基本上是当天有阳光,当天就用太阳能发的电,遇到阴雨天时就用市电能量进行补充。我国大部分地区基本上全年都有 2/3 以上的晴好天气,这样系统全年就有 2/3 以上的时间用太阳能发电,剩余时间用市电能量补充。这种形式既减少了太阳能光伏发电系统的一次性投资,又有显著的节能减排效果,是太阳能光伏发电在现阶段推广和普及过程中的一个过渡性的好办法。这种形式的原理与下面将要介绍的无逆流并网光伏发电系统有相似之处,但还不能等同于并网应用。

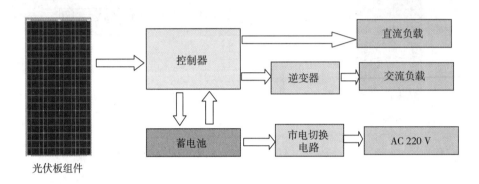

图 1 - 2 - 9　市电互补型光伏发电系统

二、并网光伏发电系统

分布式光伏发电系统属于并网光伏发电系统中的一种。并网光伏发电系统中,太阳能组件产生的直流电经过并网逆变器转换成符合市电电网要求的交流电之后,直接被接入公共电网。并网光伏发电系统有集中式大型并网光伏系统,也有分散式小型并网光伏系统。集中式大型并网光伏电站一般都是国家级电站,主要特点是将所发电能直接输送到电网,由电网统一调配向用户供电。但这种电站投资大,建设周期长,占地面积大。而分散式小型并网光伏系统,特别是光伏建筑一体化发电系统,由于具有投资小、建设速度快、占地面积小、政策支持力度大等优点,是目前并网光伏发电的主流。常见并网光伏发电系统一般有下列几种形式。

(一)直接并网光伏发电系统

直接并网光伏发电系统(图 1 - 2 - 10)是由光伏板组件通过并网逆变器产生交流电能,直接或通过升压变压器将交流电能送入电网的一种光伏系统。该光伏系统主要适用于大型光伏发电系统。

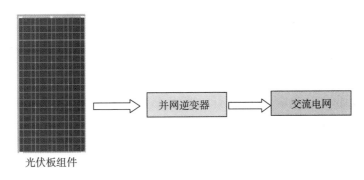

图1-2-10 直接并网光伏发电系统

(二)无逆流并网光伏发电系统

无逆流并网光伏发电系统(图1-2-11)中,太阳能光伏发电系统即使发电充裕也不供向国家电网;但当太阳能光伏发电系统供电不足时,公共电网向负载供电。

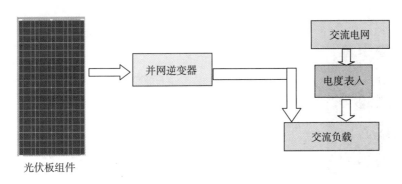

图1-2-11 无逆流并网光伏发电系统

(三)切换型并网光伏发电系统

切换型并网光伏发电系统如图1-2-12所示。所谓切换型并网光伏发电系统,实际上是具有自动运行双向切换功能的发电系统。一是当光伏发电系统

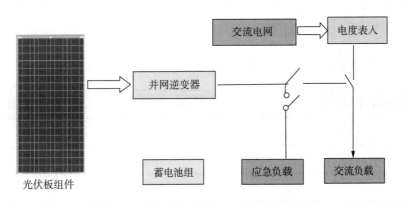

图1-2-12 切换型并网光伏发电系统

因多云、阴雨天及自身故障等导致发电量不足时,切换器能自动切换到电网供电一侧,由电网向负载供电;二是当电网因为某种原因突然停电时,光伏发电系统可以自动切换与电网分离,进入独立光伏发电系统工作状态。有些切换型并网光伏发电系统,还可以在需要时断开一般负载的供电,接通应急负载的供电。一般切换型并网光伏发电系统都带有储能装置。

(四)典型有逆流的分布式并网光伏发电系统

典型有逆流的分布式并网光伏发电系统如图1-2-13所示。当光伏发电系统发出的电能充裕时,可将剩余电能馈入公共电网,向电网供电(卖电);当光伏发电系统提供的电力不足时,由电网向负载供电(买电)。由于向电网供电与电网供电的方向相反,所以此系统被称为典型有逆流的分布式并网光伏发电系统。目前以自发自用,多余电量上网的分布式光伏发电系统的典型结构为主。

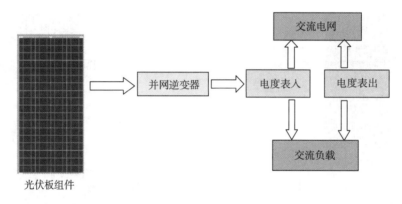

图1-2-13 典型有逆流的分布式并网光伏发电系统

🧠 任务实施

参观光伏发电实训室,对照光伏发电系统,填写实训室光伏发电设备基本属性一览表(表1-2-1)。

表1-2-1 实训室光伏发电设备基本属性一览表

设备(或器件)名称	型号	作用

（续表）

设备（或器件）名称	型号	作用

任务三　光伏电站常用运维仪器仪表及器具的使用

🔔 任务描述

　　光伏电站在制作、运行、维护过程中会用到很多仪器仪表及器具。例如钳形数字万用表，可以在不断开电路的情况下测量线路的电流；绝缘电阻表，可以测量最大电阻、绝缘电阻、吸收比及极化指数等。本任务详细介绍光伏电站运维常用仪器仪表及器具的使用。

💎 相关知识

一、常用运维仪器仪表

（一）钳形数字万用表

　　钳形数字万用表最初是用来测量交流电流的，主要由电流互感器和电流表组合而成。电流互感器的铁芯在捏紧扳手时可以张开；被测电流所通过的导线可以不必切断就可穿过铁芯张开的缺口，当放开扳手后铁芯闭合。穿过铁心的被测电路导线就成为电流互感器的一次线圈，其中通过电流便在二次线圈中感应出电流，从而使与二次线圈相连接的电流表测出被测线路的电流。由于这种仪表也有万用表的功能，因此被称为钳形数字万用表，如图1-3-1所示，它可以测量交直流电压、交直流电流、电容容量、电阻等。

图1-3-1　钳形数字万用表

1. 光伏发电系统检测对钳形数字万用表的要求

光伏发电系统检测要求钳形数字万用表能检测光伏系统的电流(交直流)、电压(交直流)、电阻、功率和温度等参数。对于分布式家用光伏系统,钳形数字万用表要能检测直流电压 600 V DC;对于商用光伏发电系统,钳形数字万用表要能检测直流电压 1000 V DC。

2. 使用注意事项

钳形数字万用表使用注意事项见表 1-3-1 所列。

表 1-3-1 钳形数字万用表使用注意事项

序号	使用注意事项
1	使用前应熟悉钳形数字万用表各项功能,根据被测量的对象,正确选用挡位、量程及表笔插孔
2	在测量某电路电阻时,必须切断被测电路的电源,不得带电测量
3	使用钳形数字万用表进行测量时,要注意人身和仪表设备的安全。测试中不得用手触摸表笔的金属部分,不允许带电切换挡位开关,以确保测量准确,避免发生触电和烧毁仪表等事故

3. 电压、电流、电阻、温度的测量

(1)直流电压的测量

用钳形数字万用表测量电压的步骤见表 1-3-2 所列。

表 1-3-2 用钳形数字万用表测量电压的步骤

步骤	操作要领
1	将黑表笔插进"COM"孔,红表笔插进"VΩ"孔
2	使挡位置于直流电压挡
3	把两只表笔接在电源两端上

注意事项:若在数值左边出现"—",则表明表笔极性与实际电源极性相反,此时红表笔接的是负极。

(2)交流电压的测量

测量方法同直流电压的测量,但应该将旋钮置于交流挡"V～"量程处。

（3）电流的测量

先选择电流测量挡位，按动扳手，打开钳口，放入被测电流所通过的导线，松开扳手，即可测量导线电流。

（4）电阻的测量

将表笔插进"COM"和"VΩ"孔中，把旋钮旋到所需的量程处，将表笔接在所测电路或器件的两端，即可测量电阻。

（5）温度测量

把旋钮旋到"℃/℉"挡位，使温度传感器接触被测物体，即可测量温度。光伏发电系统中，一般电缆比环境温度高 5～10 ℃，电缆接头比环境温度高 10～20 ℃，逆变器外壳比环境温度高 10～20 ℃，逆变器散热器比环境温度高 10～30 ℃，电气开关比环境温度高 15～20℃。若超过较多，则说明有故障。

4. 应用实例——利用钳形数字万用表判断光伏系统中的故障

（1）逆变器屏幕没有显示

故障分析：没有直流输入，逆变器 LCD（液晶显示器）是由直流电供电的。检修过程：用钳形数字万用表电压挡测量逆变器直流输入电压。电压正常时，总电压是各组件电压之和。如果没有电压，依次检测直流开关、接线端子、电缆接头、组件等是否正常。

（2）隔离故障，屏幕显示 PV 绝缘阻抗过低

故障分析：光伏系统对地绝缘电阻小于 2 MΩ，可能原因有太阳能组件、接线盒、直流电缆、逆变器、交流电缆、接线端子等地方有电线对地短路或者绝缘层被破坏，PV（光伏）接线端子和交流接线外壳松动导致进水。检修过程：断开电网、逆变器，用钳形数字万用表依次检查各部件电线对地的电阻，其正常值应大于 10 MΩ，找出问题点，并更换。

（3）光伏汇流箱熔断器损坏

故障分析：当熔断器带电时，可用 DC 1000 V 挡测熔断器两端电压。保险熔断时，两端电压为 0。但保险熔断时，上端为所在电路电压，下端与电路脱离，所在电路电压为数值较小的悬浮电位，一般不超过 5 V。故保险熔断时，上下两端电压值显著增大。当熔断器不带电时，将钳形数字万用表置于电阻挡上，测量熔断器两端电阻。如测得电阻值为 0 说明熔断器完好，如测得电阻值显示为"OL"

说明熔断器开路。

(二)绝缘电阻表

1. 绝缘电阻表简介

绝缘电阻表又称为兆欧表、摇表、梅格表,是用于测量最大电阻、绝缘电阻、吸收比及极化指数的专用仪表。绝缘电阻表外观如图 1-3-2 所示。绝缘电阻表主要由三部分组成:第一部分是高压发生器,用以产生直流电压;第二部分是测量回路;第三部分是显示部分。可将绝缘电阻表看成一个磁电式流比计和一只手摇发电机。发电机是绝缘电阻表的电源,可以采用直流发电机,也可以用交流

图 1-3-2 绝缘电阻表外观

发电机与整流装置配用。直流发电机的容量很小,但电压(100~5000 V)很高。磁电式流比计是绝缘电阻表的测量机构,由固定的永久磁铁和可在磁场中转动的两个线圈组成。当用手摇发电机时,两个线圈中同时有电流通过,在两个线圈上产生方向相反的转矩,表针就随着两个转矩的合成转矩的大小而偏转某一角度,这个偏转角度取决于上述两个线圈中电流的比值。由于附加电阻的电阻值是不变的,因此电流值仅取决于待测电阻的大小。

2. 绝缘电阻表的使用

(1)准备工作

绝缘电阻表使用之前的准备工作见表 1-3-3 所列。

表 1-3-3 绝缘电阻表使用之前的准备工作

序号	准备工作
1	绝缘电阻表在工作时,自身产生高电压,而测量对象又是电气设备,所以必须正确使用,否则容易造成人身或设备事故
2	测量前必须将被测设备电源切断,对地短路放电,决不允许设备带电进行测量,以保证人身和设备的安全
3	对可能感应出高压电的设备,必须消除这种可能性后,才能进行测量
4	被测物表面应去掉绝缘层,减少接触电阻,确保测量结果的正确性

序号	准备工作
5	测量前要检查绝缘电阻表是否处于正常工作状态
6	绝缘电阻表使用时应放在平稳、牢固的地方，且远离大的外电流导体和外磁场
7	在测量时，注意绝缘电阻表的正确接线，否则将引起不必要的误差甚至错误

（2）使用注意事项

绝缘电阻表使用注意事项见表 1-3-4 所列。

表 1-3-4　绝缘电阻表使用注意事项

序号	使用注意事项
1	测量前，应将绝缘电阻表保持水平，切断被测电器及回路的电源，并对相关元件进行临时接地放电，以保证人身安全和测量结果准确
2	测量时必须正确接线。绝缘电阻表共有 3 个接线端（L、E、G）。测量回路对地电阻时，L 端与回路的裸露导体连接，E 端连接接地线或金属外壳。测量回路的绝缘电阻时，回路的首端与尾端分别与 L 端、E 端连接。测量电缆的绝缘电阻时，为防止电缆表面泄漏电流对测量精度产生影响，应将电缆的屏蔽层接至 G 端
3	从绝缘电阻表接线柱引出的测量软线绝缘性应良好，两根导线之间和导线与地之间应保持适当距离，以免影响测量精度
4	在进行测量时，不能用手接触绝缘电阻表的接线柱和被测回路，以防触电
5	测量时，各接线柱之间不能短接，以免损坏

（3）使用步骤

测量电机等一般电器时，仪表的 L 端与被测元件（例如绕组）相接，E 端与机壳相接。测量电缆时，除上述规定外，还应将仪表的 G 端与被测电缆的护套连接。

测量后，用导体在被测元件（如绕组）与机壳之间放电后拆下引接线。若直接拆线，有可能被储存的电荷电击。

3. 应用实例

以光伏阵列绝缘电阻的测试为例。测试方法是测试阵列正极与负极短路时对地的绝缘电阻。测量时应准备一个能够承受光伏阵列短路电流的开关,主要用于将光伏阵列的输出端短路。光伏阵列绝缘电阻测试步骤见表 1 - 3 - 5 所列。

表 1 - 3 - 5　光伏阵列绝缘电阻测试步骤

步骤	操作要领
1	准备好绝缘电阻表(500 V 或 1000 V)和能承受光伏阵列短路电流且能短路的开关
2	断开直流接线箱中全部开关
3	使绝缘电阻表和短路开关处于断开状态
4	闭合测量回路中的开关 Kn
5	闭合短路开关,使光伏阵列的输出短路
6	测量光伏阵列输出端对地的绝缘电阻
7	断开短路开关,使光伏阵列输出开路
8	断开测量回路的开关 Kn。重复步骤3～步骤6的操作,测量所有子阵列的绝缘电阻的绝缘性能,并判断是否达到要求。绝缘电阻判定标准见表 1 - 3 - 6 所列

表 1 - 3 - 6　绝缘电阻判定标准

系统电压/V	测试电压/V	绝缘电阻最小限值/MΩ
<120	250	0.5
<600	500	1.0
<1000	1000	1.0

(三)接地电阻测试仪

1. 常用功能

接地电阻测试仪主要用于测量各种电力设施配线、电气设备、防雷设备等接地装置的接地电阻值,还可以进行接地电压测量。图 1 - 3 - 3 为接地电阻测试仪。

下面以 UT521 接地电阻测试仪为例说明其使用方法。

2. 精确测量(用标准测试线测试)

P 为电位电极,E 为被测接地端,将 P 和 C 接地钉打到地深处,将它们和待测接地设备排列成一行(直线),且彼此间隔 5～10 m 远。

① 接地电压测试。将功能选择开关旋到接地电压挡,LCD 显示接地电压测试状态;将测试线插入 V 端和 E 端(其他测试端不要插测试线),再接上待测点,LCD 将显示接地电压的测量值,若测量值大于 10 V,则要将相关电气设备关闭,待接地电压降低后再进行接地电阻测试,否则会影响接地电阻的测试精度。注意:接地电压测试仅在 V 端和 E 端进行,C 端和 P 端的连接线一定要断开,否则可能会导致危险或仪器损坏。

② 接地电阻测试。将功能选择开关旋到接地电阻 2000Ω 挡(最大挡),按"TEST"键测试,LCD 显示接地电阻值。若所测电阻值小于 2000Ω,则将功能选择开关旋到接地电阻 200Ω 挡,LCD 显示接地电阻值;若所测电阻值小于 200Ω,则将功能选择开关旋到接地电阻 20Ω 挡,LCD 显示接地电阻值;也可以按照其他的选挡顺序进行测量。一定要选择最佳的测量挡位去测量才能使所测的值最准确。

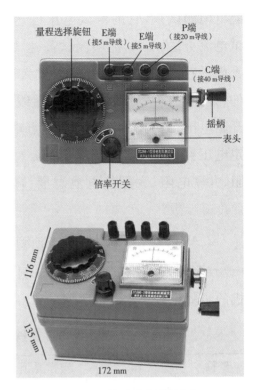

图 1 - 3 - 3 接地电阻测试仪

按"TEST"键时,按键上的状态指示灯会被点亮,表示该仪器正处在测试状态中。

3. 简易测量(用所配简易测试线测量)

简易测量即当辅助接地钉不方便使用时,将一个外露的低接地电阻物体作电极,如金属水槽、水管、供电线路公共地、建筑物接地端,采用 2 线式方法。当采用此方法时,实际上 P 端和 C 端已经被短接起来了。

(四)便携式太阳能电池测试仪

1. 功能介绍

便携式太阳能电池测试仪是用于太阳能光伏系统定期维护的一种专用仪器,主要用于太阳能电池的伏安特性测试。图 1 - 3 - 4 为 AV6591 便携式太阳能电池测试仪,它的测试电压可达 1000 V,测试电流可达 12 A,能够测试高达 10 kW(含填充因子)的光伏方阵,可以测试太阳能电池组件(方阵)的 I-V 曲线、P-V 曲线、短路电流、开路电压、最大功率、最大功率点电压和电流、定电压点电流、填充因子、转换效率、串联电阻、并联电阻、太阳能电池温度、环境温度、辐照度等参数。

图 1-3-4 AV6591 便携式
太阳能电池测试仪

2. AV6591 便携式太阳能电池测试仪的使用

AV6591 便携式太阳能电池测试仪主机开机的步骤见表 1-3-7 所列。

表 1-3-7 AV6591 便携式太阳能电池测试仪主机开机的步骤

步骤	操作要领	注意事项
1	按住主机前面板左下角的电源键 5 s 左右,等待出现显示后松开按键。然后按下探头的前面板右下角电源键 3 s 左右,等待面板上指示灯亮起就可以松开按键	测试仪开机前不要接入被测太阳能电池
2	开机后蓝牙指示灯会进入慢闪状态,有匹配的探头开机会在慢闪后十几秒内建立无线连接,指示灯快闪,主机会在 20 s 左右的时间内进入通信状态	

3. 测试系统的安装

(1)探头盒的安装

先将探头盒上温度探头接入探头盒上对应插座,将探头盒放入探头盒支架中,将支架紧贴在电池板边框上,将前端的吸盘紧贴电池板背面并压紧,再将吸盘的扳手压下,使支架紧固在电池板上,确保探头盒的标准太阳能电池表面和电池板的表面平行;然后将方形的温度探头放入温度探头夹具的夹持仓中,将温度探头紧贴电池板背面,将温度探头夹具的吸盘紧固在电池板上,确保温度探头能够紧贴电池板测试温度;最后打开探头盒电源。

(2)主机及测试系统的安装

在测试便携式太阳能电池测试仪主机时,需要连接测试电缆与测试夹具。

主机与测试连接示意图如图 1 - 3 - 5 所示,将测试线缆一端的香蕉头插座按对应的颜色插入测试仪的测试端子中,另一端可以根据情况连接鳄鱼钳或转接线缆。

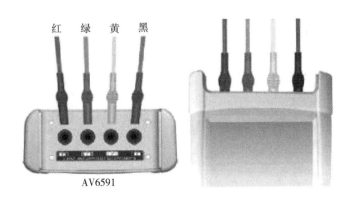

图 1 - 3 - 5　主机与测试连接示意图

4. 通信测试

（1）选择合适的校准模型

校准模型中的校准参数对测试的正常进行以及转换 STC 最大功率准确度指标有较大影响,必须严格按照电池组件的参数及阵列的组成方式进行设置。

（2）设置探头

根据不同的测试条件选择探头的状态。在探头连接有故障或不需要探头时可以选择手动设置方式来获取辐照度和电池板温度。当利用太阳模拟器进行辐照度测试时,可以选中"太阳模拟器辐照度"复选框,进行模拟器的辐照度测试。必须选择一种探头数据获取方式并得到可靠的测试数据后,才能在测试界面上选择"STC"转换。探头校准只有在用于计量校准或其他特殊情况下才能进行设置,正常操作时保持其原始"0"值不变。端口设置可以根据用户需求及实际的连接方式进行设置,默认为蓝牙无线通信连接探头盒与测试仪主机。

（3）启动测试

点击"测试"按钮或者按下键,将测试出当前环境条件下,被测电池组件的 I - V 数据。测试完毕后,将在曲线窗口上显示出当前环境条件下被测电池组件的 I - V 曲线和 P - V 曲线。

（4）测试结果分析

若测试曲线较为平滑,则说明测试系统的连接及测试环境比较正常,此时可以选中"STC"复选框,将测试结果转换到 STC 环境下,可以在曲线界面上查看转换后的结果,也可以在表格界面上查看测试结果。

(五)电能质量分析仪

1. 电能质量分析仪简介

电能质量分析仪是对电网运行质量进行检测及分析的专用便携式产品。电能质量分析仪如图 1-3-6 所示,可以提供电力运行中的谐波分析及功率品质分析,能够对电网运行进行长时间的数据采集监测。电能质量分析仪同时配备电能质量数据分析软件,对上传至计算机的测量数据进行各种分析。电能质量分析仪主要由五部分组成,分别为测量变换模块、模数转换模块、数据处理模块、数据管理模块及外围模块。

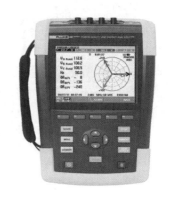

图 1-3-6 电能质量分析仪

2. 电能质量分析仪与三相配电系统连接

以 Fluke 434 为例说明电能质量分析仪与三相配电系统连接,如图 1-3-7 所示。

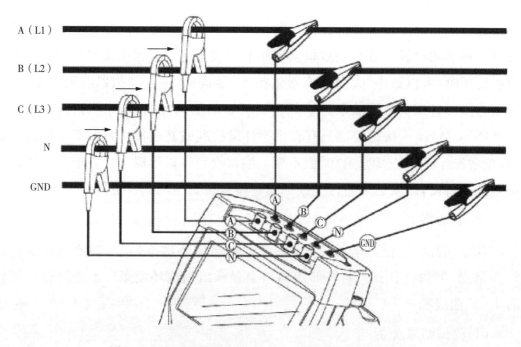

图 1-3-7 电能质量分析仪与三相配电系统连接

① 将电流钳夹放置在相 A(L1)、B(L2)、C(L3)和 N(中性线)的导线上。要确保电流钳夹牢固并完全钳夹在导线四周。

② 完成电压连接：先从接地(ground)连接开始，然后依次连接 N、A、(L1)、B(L2)和 C(L3)。要想获得正确的测量结果，始终要记住连接地线(ground)输入 8 端。

需要注意的是，对于单相测量，请使用电流输入端 A(L1)和电压输入地线输入端、N(中性线)及 A 相(L1)。A(L1)是所有测量的基准相位。

3. 电能质量分析仪在光伏发电系统中的应用

电能质量分析仪在光伏发电系统中主要用于测量不平衡、谐波、直流分量等。

(1)不平衡测量

不平衡显示电压和电流之间的相位关系。测量结果以基频成分(60 或 50 Hz，使用对称分量法)为基础。在三相电力系统中，电压之间的相移及电流之间的相移应接近120°。不平衡模式提供一个计量屏幕、趋势图屏幕及相量屏幕。

1)计量屏幕

打开不平衡计量屏幕(图 1-3-8)，按下菜单按钮进入 MENU(菜单)显示界面，通过上、下箭头键选择"不平衡"菜单，确认即可。

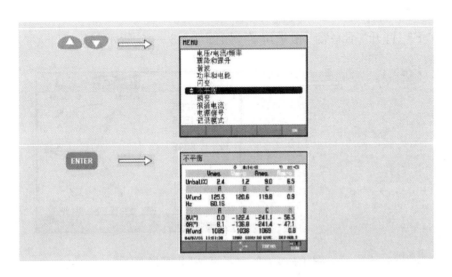

图 1-3-8　不平衡计量屏幕

计量屏幕显示所有相关的数值：负电压不平衡百分比、零序电压不平衡百分比(四线制系统中)、负电流不平衡百分比、零序电流不平衡百分比(四线制系统中)、基相电压、频率、基相电流、中性点电压之间相对于基准相 A/L1 的角度以及各相位电压和电流之间的角度。

2)趋势图屏幕

按下"F4"打开不平衡趋势图(UNBALANCE TREND)屏幕,如图 1-3-9 所示。

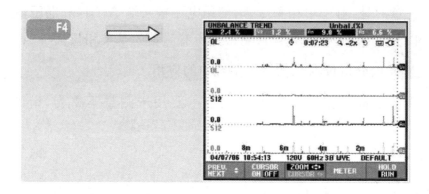

图 1-3-9 不平衡趋势图屏幕

计量屏幕中的数字是持续更新的即时值。任何时候,只要测量在进行中,这些值相对于时间的变化都会被记录下来。计量屏幕中的所有数值都被记录下来,但计量屏幕中每一行的趋势图(trend)每次只能显示一个。按功能键"F1"来将箭头键分配给行选择。

3)相量屏幕

按下"F3"打开"不平衡"相量屏幕,如图 1-3-10 所示。

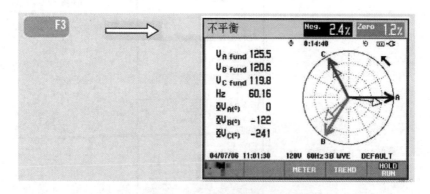

图 1-3-10 "不平衡"相量屏幕

在以 30°为单位分割的矢量图中显示电源和电流的相位关系。基准通道 A(L1)的矢量指向水平正方向。示波器相量中也显示一个相似的矢量图,还给出其他数值:负序电压或电流不平衡百分比、零序电压或电流不平衡百分比、基相电压或电流、频率、相角。利用功能键"F1",我们可以选择所有相位电压、相位电流或各相中电压和电流的读数。

（2）谐波测量

谐波是电压、电流或功率正弦波的周期性失真。波形可被视作各种正弦波与不同频率和幅度的组合。与满信号相关的各分量对满信号的单独影响,可以以基波的百分比或所有组合谐波的百分比的形式表示（rms 有效值）。结果值可以在条形图、计量屏幕或趋势图屏幕上查看。

1）条形图屏幕

打开条形图屏幕（图 1 - 3 - 11）,按下菜单按钮进入 MENU（菜单）显示界面,通过上、下箭头键选择"谐波"菜单,确认即可。

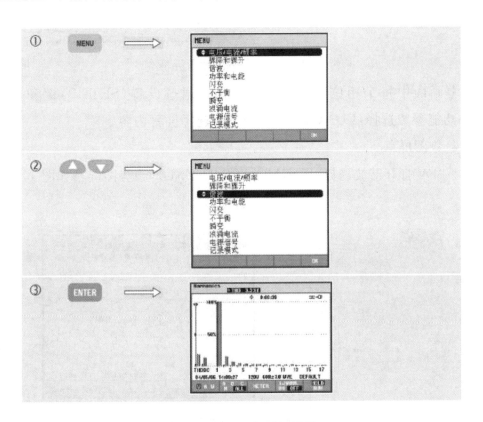

图 1 - 3 - 11 条形图屏幕

条形图画面中显示与满信号相关的各分量对满信号影响的百分比。无失真的信号应显示第一次谐波（＝基波）在 100％ 而其他信号位于零,而实际中不会发生这种情况,因为总是存在一定数量的失真而导致谐波较高。

当有更高频率的分量加入时,纯正弦波也会失真。失真用总谐波失真

(THD)百分比表示。条形图画面中还可以显示 DC 分量和 K 系数的百分比。K 系数是一个量化变压器由于谐波电流造成的潜在损耗的数字。更高阶的谐波对 K 系数的影响要大于较低阶的谐波。

2)计量屏幕

按下"F3"打开谐波表格,谐波计量屏幕如图 1-3-12 所示。

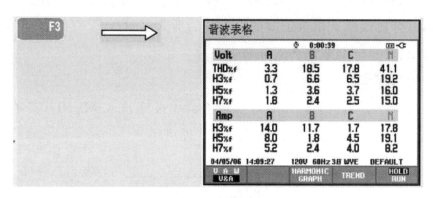

图 1-3-12 谐波计量屏幕

屏幕画面中每个相位显示 8 个测量值。通过设置(SETUP)键和功能键 F3——功能参数选择(FUNCTION PREF),选择屏幕内容。

3)趋势图屏幕

按下"F4"打开谐波趋势(HARMONICS TREND),趋势图屏幕如图 1-3-13 所示。

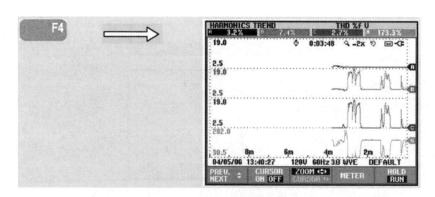

图 1-3-13 趋势图屏幕

趋势图显示谐波随时间变化的情况。光标(cursor)和缩放(zoom)可用来查看详细内容。谐波计量屏幕中的所有数值都被记录下来,但计量屏幕中每一行的趋势图(trend)每次只能显示一个。按功能键"F1"来将下箭头键分配给行选择。利用设置(SETUP)键和功能键 F3——功能参数选择(FUNCTION PREF),可以根据基波电压的百分比或总谐波电压的百分比来选择谐波显示。

(六)红外热像仪

1. 工作原理

红外热像仪可以利用红外探测器和光学成像物镜接受被测目标的红外辐射能量分布图形,并将其反映到红外探测器的光敏元件上,从而获得红外热像图,这种热像图与物体表面的热分布场相对应。通俗地讲,红外热像仪可用于将物体发出的不可见红外能量转变为可见的热图像。热图像上面的不同颜色代表被测物体不同部位的不同温度。任何有温度的物体都会发出红外线,红外热像仪可以接收物体发出的红外线,通过有颜色的图片来显示被测量物体表面的温度分布,根据温度的微小差异来找出温度的异常点,从而指导物体的维护。红外热像仪实物如图 1 - 3 - 14 所示。

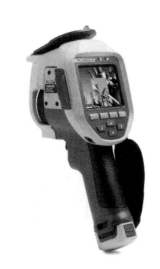

图 1 - 3 - 14　红外热像仪实物

2. 红外热像仪的使用方法

对准:将红外热像仪对准目标物体。

对焦:旋转焦距控件进行对焦,使 LCD 上显示的图像最为清晰。

拍摄:红外热像仪显示捕获的图像和一个菜单。要取消图像存储并返回实时查看,可扣动并释放扳机。

3. 应用实例

(1)用红外热像仪检测光伏组件

光伏组件发电电流大小、自身电阻消耗以及是否损坏或者老化程度,都能通过红外热像仪对单块组件的热像分析来得到。红外扫描应重点检查电池热斑有问题的旁路二极管、接线盒、焊带、连接器等。

红外热像仪还可以给光伏组件建立热像图谱库,通过测试同种品牌不同状态下损坏的情况,对比光伏组件热像的区别,可以指定热像图谱标准,便于在对光伏组件的维护和故障诊断中,快速找出故障原因。

(2)用红外热像仪检测汇流箱

光伏电站运维工作中一般通过对汇流箱每个支路的电流大小进行测试,来检查各支路的发电情况和效率的高低。由于支路数目多,汇流箱内部接线紧凑,进行测量时又必须保证一定光照强度下的快速测量,所以操作非常麻烦。

用红外热像仪对汇流箱进行红外成像时,各支路因发电电流的大小而产生的热量差异能直观地在热像中体现出来。通过红外热像仪,不需要用电流表进行测量就能判断支路是否有电流。

与此同时,红外热像仪还能检测汇流箱中的断路器、熔断器、内部线路的运行情况,通过对比能够快速预判元器件的工作状态以及可能会产生的故障。图 1-3-15、图 1-3-16 是支路电流以及熔断器和线缆连接红外成像图。

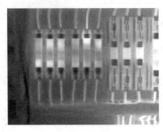

图 1-3-15　支路电流红外成像图

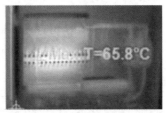

图 1-3-16　熔断器和线缆连接红外成像图

（3）用红外热像仪检测高压变电站元器件

高压变电站中的各个元器件和设备处于高压运行中,电压高,危险性大,安全性要求高。用红外热像仪检测高压变电站中的元器件,变压器冷热循环如图 1-3-17 所示。

图 1-3-17　变压器冷热循环

在光伏电站的运维工作中,引进红外热像仪检测技术对发电站的常规巡检、故障诊断、故障提前预防以及光伏电站发电效率的分析会有很大的帮助,将会促进运维制度的改革,大幅度降低运维工作成本。在光伏电站的运维工作中引进红外热像仪检测技术,标志着光伏电站从粗放建设管理阶段进入了对电站细节要求高、精度高、标准高的运营阶段。

二、常用运维器具

光伏电站的常用运维器具主要是指拆装、检修各类设备和元器件时使用的工具。

(一)尖嘴钳

尖嘴钳(图1-3-18)头部尖细,适用于在狭小的工作空间中操作。

尖嘴钳可用来剪断较细小的导线,夹持较小的螺钉、螺帽、垫圈、导线等,也可用来对单股导线进行整形(如平直、弯曲等)。若使用尖嘴钳带电作业,应检查其绝缘性是否良好,作业时金属部分不要触及人体或邻近的带电体。

(二)斜口钳

斜口钳(图1-3-19)专用于剪断各种电线电缆。对粗细不同、硬度不同的材料,应选用大小合适的斜口钳。

图1-3-18　尖嘴钳　　　　　　图1-3-19　斜口钳

(三)钢丝钳

钢丝钳(图1-3-20)在电工作业中用途广泛。钢丝钳钳口可用来弯绞或钳夹导线线头,齿口可用来紧固或起松螺母,刀口可用来剪切导线或钳削导线绝缘层,侧口可用来铡切导线线芯、钢丝。

(四)剥线钳

剥线钳如图1-3-21所示。使用剥线钳剥削导线绝缘层时,先将要剥削的绝缘长度用标尺定好,然后将导线放入相应的刃口(比导线直径稍大)中,再用手将钳柄一握,导线的绝缘层即被剥离。

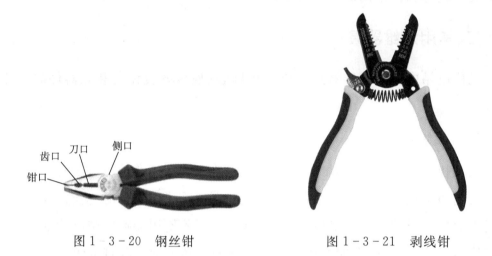

齿口　刀口　侧口
钳口

图1-3-20　钢丝钳　　　　　　　　　图1-3-21　剥线钳

(五)验电器

验电器是检验导线和电器设备是否带电的一种电工常用的辅助安全用具,一般分为低压验电器和高压验电器。

1. 低压验电器

低压验电器又称试电笔(图1-3-22)、验电笔、测电笔(简称电笔),按显示可分为氖管发光指示和数字显示两种。其主要用于线电压为500 V及以下项目的带电体检测。它主要由工作触头、降压电阻、氖泡、弹簧等部件组成。这种验电器是利用电流通过验电器、人体、大地形成回路,漏电电流使氖泡起辉发光而工作的。只要带电体与大地之间电位差超过一定数值(36 V),验电器就会发出指示,低于这个数值,验电器就不指示,从而来判断低压电气设备是否带电或显示相应的电压。

在使用前,首先应检查一下验电笔的完好性(四大组成部分是否缺少,氖泡是否损坏),然后在有电的地方验证一下。只有确认验电笔完好后,才可进行验电。参考图1-3-23,使用时,一定要手握笔帽端金属挂钩或尾部螺丝,使笔尖金属探头接触带电设备,不要用湿手去验电,不要用手接触笔尖金属探头。

图 1 - 3 - 22 试电笔

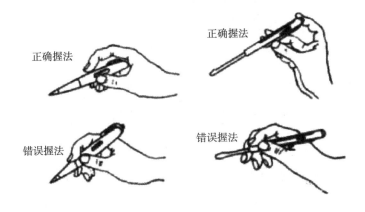

图 1 - 3 - 23 试电笔的使用

低压验电笔除主要用来检查低压电气设备和线路外,还可用来区分相线与零线、交流电与直流电以及电压的高低。用低压验电笔检查线路时通常氖泡发光者为火线,不亮者为零线。但中性点发生位移时要注意,此时,零线同样也会使氖泡发光。交流电通过氖泡时,氖泡两极均发光;直流电通过时,仅有一个电极附近发亮。当用来判断电压高低时,氖泡暗红轻微亮时,电压低;氖泡发黄红色,亮度强时,电压高。

2. 高压验电器

高压验电器(图 1 - 3 - 24)主要适用于 500 V 以上交流配电线路和设备的验电,无论是白天或夜晚、室内变电所站或室外架空线上,都能正确、可靠地使用,是电力系统电气部门必备的安全工具。按测量电压等级不同,高压验电器分为 6 kV、10 kV、35 kV、66 kV、220 kV、500 kV 验电器。

高压验电器一般由检测部分、绝缘部分、握手部分三大部分组成。绝缘部分系指自指示器下部金属衔接螺丝起至罩护环止的部分,握手部分系指罩护环以下的部分。其中,绝缘部分、握手部分根据电压等级的不同,其长度也不相同。

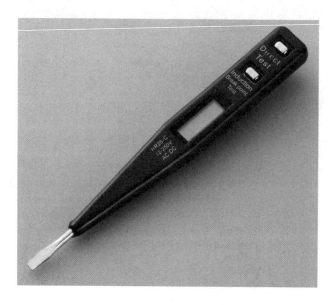

图 1 - 3 - 24　高压验电器

验电前应对验电器进行自检试验,按动显示盘自检按钮。若验电指示器发出间歇振荡声讯号,则证明验电器性能完好,即可进行验电。此时可将伸缩绝缘杆拉开,进行验电操作时,手不能超过规定的握柄。验电器触头与带电体不接触,若发出间歇声光讯号(在启动距离内),则表示有电;若不发出间歇声光讯号,则表示无电。

在使用高压验电器进行验电时,首先必须认真执行操作监护制,一人操作,一人监护。操作者在前,监护人在后。使用高压验电器时,必须注意其额定电压要和被测电气设备的电压等级相适应,否则可能会危及操作人员的人身安全或造成错误判断。验电时,操作人员一定要戴绝缘手套,穿绝缘靴,防止跨步电压或接触电压对人体造成伤害。操作者应手握罩护环以下的握手部分,先在有电设备上进行检验。检验时,应渐渐地移近带电设备至发光或发声止,以验证验电器的完好性;然后再在需要进行验电的设备上检测。对同杆架设的多层线路验电时,应先验低压,后验高压;先验下层,后验上层。

(六)电工刀

1. 主要用途

电工刀用来剖切导线、电缆的绝缘层,切割木台、电缆槽等。电工刀不得用于带电作业,以免触电。电工刀实物如图 1 - 3 - 25 所示。

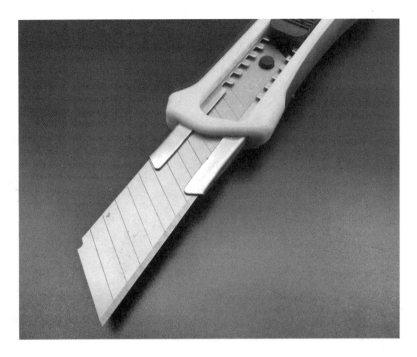

图 1 - 3 - 25　电工刀实物

2. 使用时注意事项

① 应将刀口朝外剖削，并注意避免伤及手指。

② 剖削导线绝缘层时，应将刀面放平，以免割伤导线。

(七)电钻

1. 主要用途

电钻用于在金属、木材、塑料等构件上钻孔。电钻由底座、立柱、电动机、皮带减速器、钻夹头、上下回转机构、电源连接装置等组成。电钻实物如图 1 - 3 - 26 所示。

2. 使用时注意事项

① 根据钻孔直径选择电钻规格及钻头。

② 选用三相电源插头插座，保持良好接地。

图 1 - 3 - 26　电钻实物

③ 通风孔清洁畅通，手转夹头转动灵活、干燥无水。

④ 电钻接触材料前，应先空转再慢慢接触材料。

⑤ 保持钻头垂直,不能晃动,防止卡钻或折断钻头。

⑥ 移动电钻时不扯拉橡皮软线,防止软线损伤。

(八)数码录音笔

数码录音笔实物如图 1-3-27 所示。

1. 主要用途

数码录音笔,也称为数码录音棒或数码录音机,可以通过数字存储的方式来记录音频。数码录音笔主要用于运维人员在倒闸操作全过程中留存音频资料。

2. 使用时注意事项

① 机身保持清洁,注意防灰尘、防刮伤。

② 防止录音笔 USB 接口、充电接口、内存卡接口等被刮伤、损耗。

图 1-3-27
数码录音笔实物

③ 注意防潮,不使用时,要把录音笔放置在通风干燥处,避免潮湿与阳光的暴晒。

(九)对讲机

对讲机实物如图 1-3-28 所示。

图 1-3-28 对讲机实物

1. 主要用途

对讲机是一种双向移动通信工具,在没有任何网络支持的情况下可以实现通话,主要用于设备区工作人员与主控室人员随时保持联系。

2. 注意事项

① 对讲机长期使用后,按键、控制旋钮和机壳很容易变脏,应从对讲机上取下控制旋钮,用中性洗涤剂(不要使用强腐蚀性化学药剂)和湿布清洁机壳。

② 轻拿轻放,切勿手提天线移动对讲机。

不使用附件时,应盖上防尘盖(若有装备)。

⚙ 任务实施

利用手中的运维工具进行操作练习,完成运维工具实操表(表1-3-8)。

表1-3-8 运维工具实操表

工具名称(型号)	操作要领	操作时出现的问题	解决办法

◎ 项目小结

光伏发电特指在用户场地附近建设,运行方式以用户自发自用、多余电量上网,且在配电系统中平衡调节为特征的光伏发电设施。光伏发电遵循因地制宜、清洁高效、分散布局、就近利用的原则,充分利用当地太阳能资源,替代和减少化石能源消费。

◎ 项目训练

1."十四五"发展时期,我国光伏发电产业发展的主要目标是什么?

2. 典型离网光伏发电系统由哪几个部分组成?各组成部分的作用是什么?

3. 常见的光伏发电系统有哪几种形式?

4. 图1-3-29是什么类型的光伏发电系统?有什么特点?

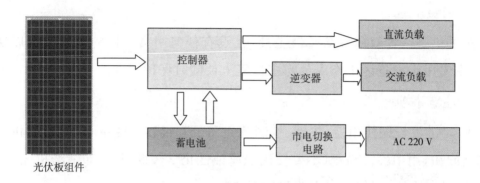

图 1-3-29 光伏发电系统框图

5. 常用的运维仪器仪表有哪些？这些运维仪器仪表使用中有什么注意事项？

光伏发电系统组成

项目目标

1. 掌握光伏发电系统的硬件组成，以及各组成部分的作用；

2. 熟知各组成部分的参数表；

3. 掌握直流电压电流组合表、交流电压电流组合表、单相电能表、双向电能表、光敏传感器、温湿度传感器、LoRa（远距离无线电）通信模块、光伏运维终端等模块的接线方式。

项目描述

光伏发电系统由硬件平台和软件平台两部分组成。硬件平台包括光伏装调实训平台和光伏并网隔离系统两部分，实现光伏发电系统的安装、调试、监控与控制。软件平台包括光伏智能运维系统和光伏仿真规划软件，能够对光伏设备、光伏计量进行全方位监控，实现光伏运行的集中监控、集中管理；光伏仿真规划软件，能够实现光伏发电系统的规划与设计。

任务一　认识光伏发电系统的硬件组成

🔔 任务描述

　　光伏发电系统由硬件平台和软件平台两部分组成。其中,硬件平台包括光伏装调实训平台和光伏并网隔离系统两部分。光伏装调实训平台由供能模块、负载模块、数据采集模块、集中控制模块、环境感知模块、通信模块、智能离网微逆变模块等设备组成。全部设备安装在预留数控冲铣网孔的柔性支撑屏架上,可满足分布式光伏发电、离网光伏发电、离并网混合发电系统的安装、调试、控制等实训内容要求。

💎 相关知识

一、光伏装调实训平台

　　光伏装调实训平台主要由供能模块、负载模块、数据采集模块、集中控制模块、环境感知模块、通信模块、智能离网微逆变模块等内容组成。光伏装调实训平台如图 2-1-1 所示。

图 2-1-1　光伏装调实训平台

(一)供能模块

　　供能模块由光伏单轴供电单元、可调直流稳压电源及蓄电池组成,给光伏装调实训平台和光伏并网隔离系统提供直流电。

1. 光伏单轴供电单元

　　光伏单轴供电单元由 4 块 12 V、20 W 的光伏组件,1 只 24 V 供电的光敏传感器,2只投射灯,追日机构等部件组成。光伏单轴供电单元外观效果如图2-1-2所示。

光伏单轴供电单元是单轴被动跟踪系统。光敏传感器安装在太阳能电池方阵上,与其同步运行。光线方向一旦发生细微改变,传感器就失衡,系统输出信号就会产生偏差。当偏差达到一定幅度时,传感器输出相应信号,执行机构开始进行纠偏,使传感器重新达到平衡。即由传感器输出信号控制的太阳能电池方阵平面与光线成角时停止转动,完成一次调整周期。如此不断调整,光伏板组件时刻沿着太阳的运行轨迹追随太阳,构成一个闭路反馈系统,实现自动跟踪。系统不需要设定基准位置,传感器永不迷失方向。

图2-1-2 光伏单轴
供电单元外观效果

2. 可调直流稳压电源

可调直流稳压电源采用当前国际上先进的高频调制技术,将开关电源的电压和电流展宽,实现电压为0~100 V和电流为0~10 A的大范围调节。通过调节直流稳压电源输出不同的电压,实现对智能离网微逆变系统和并网逆变器的供电。可调直流稳压电源如图2-1-3所示。

图2-1-3 可调直流稳压电源

表2-1-1为可调直流稳压电源的工作参数。

表 2-1-1　可调直流稳压电源的工作参数

参数表	
工作电压/V	AC 220
输出电压/V	DC 0~100,连续可调
输出电流/A	DC 0~10,连续可调
显示分辨率	电压 0.1 V,电流 0.1 A
显示精度	±1%,±1 字
电压稳定度	≤0.2%
电流稳定度	≤0.5%
负载稳定度	≤0.5%

3. 蓄电池

实现对电能的储存,并在离网系统中进行能源补偿。

(二)负载模块

光伏装调实训平台的负载模块,包含直流负载和交流负载两大类。两大类负载涵盖光伏工程中所常用的各种负载类型,真实还原了光伏工程中负载的使用情况,是将电能转换成其他形式能量的装置。

负载模块功能参数见表 2-1-2 所列。

表 2-1-2　负载模块功能参数

名称	交流 LED 灯	直流 LED 灯	交流风扇
实物			
额定电压/V	AC 220	DC 24	AC 220~240
额定电流/A	0.01	—	0.14
额定频率/Hz	50	—	50/60
额定功率/W	1	1.4~2	23/21
功能	—	常亮带蜂鸣器	—
灯颜色	—	R——红;Y——黄;G——绿	—
接线方式	—	电源直接输入(不分正/负)	—

(三)数据采集模块

光伏装调实训平台的数据采集模块具有自校准、人工校准和对传感器修正的功能以及完善的网络通信功能,与各种带串行输入/输出的设备进行双向通信,组成网络控制系统。数据采集模块包含2只交流电压电流组合表、2只直流电压电流组合表、1只单相电子式电能表及1只双向电能表。

交流电压电流组合表:分别采集光伏装调实训平台的工作电流和电压、交流负载工作电流和电压。

直流电压电流组合表:分别采集光伏组件或可调直流稳压电源的输入电流和电压、光伏控制器的输出电流和电压。

单相电子式电能表:采集并网发电的总电能数据。

双向电能表:计算系统上网电量及从市电获取的电量。

其中,交流电压电流组合表可分别采集分布式光伏工程平台上市电的工作电压、电流等数据和智能离网微逆变系统的输出电压、电流等数据。直流电压电流组合表分别可采集光伏组件、可调直流稳压电源输入的电压、电流等数据和光伏控制器输出的电压、电流等数据。交流电压电流组合表和直流电压电流组合表也可以根据分布式光伏发电实训系统的功能需求灵活搭配,实现对各项电能的测量。

1. 交流电压电流组合表

交流电压电流组合表的实物及电能计量接线方式如图2-1-4所示。

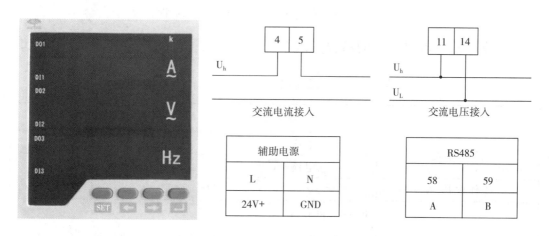

图2-1-4 交流电压电流组合表的实物及电能计量接线方式

交流电压电流组合表的参数见表2-1-3所列。

表 2-1-3 交流电压电流组合表的参数

参数表		
信号输入	电压/V	AC 0~450
	电流/A	0~5
	频率/Hz	50/60
工作电压/V	DC 24	
通信	RS485 通信接口 符合国际标准的 MODBUS-RTU 协议通信速度为 1200~9600 bps(出厂默认为 2400 bps)	
测量精度	0.5	

2. 直流电压电流组合表

直流电压电流组合表的实物如图 2-1-5 所示。

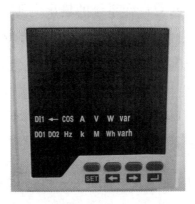

图 2-1-5 直流电压电流组合表的实物

直流电压电流组合表的参数见表 2-1-4 所列。

表 2-1-4 直流电压电流组合表的参数

参数表		
信号输入	电压/V	DC 220
	电流/A	5
工作电压/V	DC 24	
通信	RS485 通信接口 符合国际标准的 MODBUS-RTU 协议通信速度为 1200~9600 bps(出厂默认为 2400 bps)	
测量精度	0.5	

3. 单相电子式电能表

单相电子式电能表的实物及电能计量接线方式如图 2-1-6 所示。

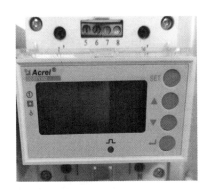
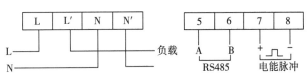

图 2-1-6　单相电子式电能表的实物及电能计量接线方式

单相电子式电能表的参数见表 2-1-5 所列。

表 2-1-5　单相电子式电能表的参数

参数表			
电压输入	额定电压/V	220	
	功耗/W	<5	
电流输入/A	输入电流/A	1.5(6),5(20),10(40),20(80)	
	启动电流	直接接入	0.004Ib
		经 CT 接入	0.002In
	功耗/W	<4(最大电流)	
通信	接口	RS485(A+,B+)	
	协议	MODBUS-RTU,DL/T645-07,DL/T645-97	
测量精度		1.0	

4. 双向电能表

双向电能表实物如图 2-1-7 所示。

双向电能表的参数见表 2-1-6 所列。

图 2-1-7　双向电能表实物

表 2-1-6 双向电能表的参数

参数表		
电压输入	工作电压/V	AC 220±20%
	功耗/W	<2
电流输入	基本电流/A	10
	最大电流/A	60
	启动电流/mA	40
	功耗/VA	<1(最大电流)
通信	接口	RS485(A+,B+)
	协议	MODBUS-RTU
测量精度		1.0

(四)集中控制模块

通过集中控制模块,可实现对光伏直流系统、光伏离网交流系统、光伏并网系统的控制,由三菱 FX5U-64MR-E PLC(可编程逻辑控制器)、光伏控制器、开关按钮盘、继电器、接触器等部件构成。

1. 三菱 FX5U-64MR-E PLC

在光伏发电系统中,通过 PLC 和开关按钮盘联合使用来实现对继电器或接触器的控制,从而实现对整个光伏发电系统稳定、可靠、快速的逻辑控制。三菱 FX5U-64MR-E PLC 的实物如图 2-1-8 所示。

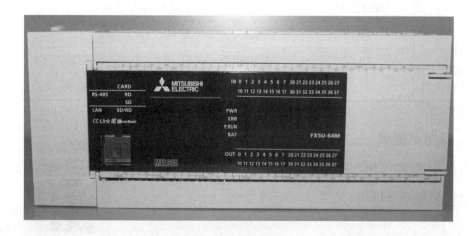

图 2-1-8 三菱 FX5U-64MR-E PLC 的实物

三菱 FX5U-64MR-E PLC 的端口如图 2-1-9 所示。

三菱 FX5U-64MR-E PLC 的参数见表 2-1-7 所列。

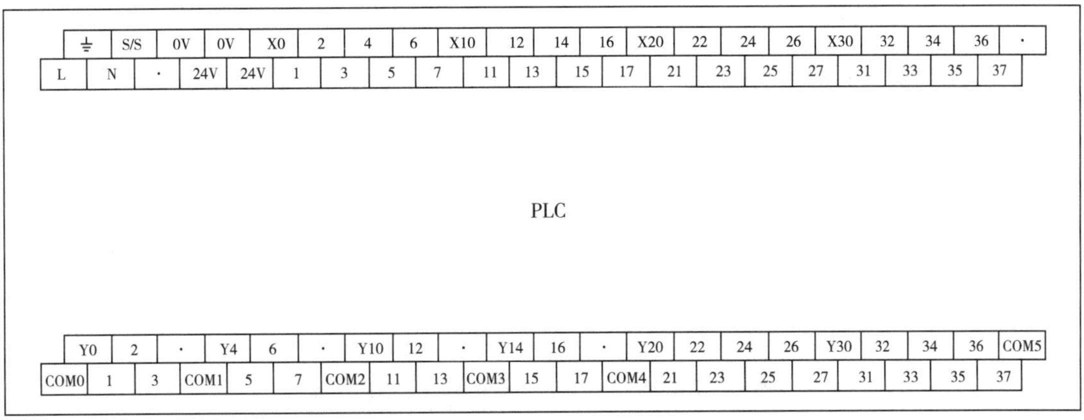

⏚	S/S	0V	0V	X0	2	4	6	X10	12	14	16	X20	22	24	26	X30	32	34	36	·
L	N	·	24V	24V	1	3	5	7	11	13	15	17	21	23	25	27	31	33	35	37

PLC

Y0	2	·	Y4	6	·	Y10	12	·	Y14	16	·	Y20	22	24	26	Y30	32	34	36	COM5
COM0	1	3	COM1	5	7	COM2	11	13	COM3	15	17	COM4	21	23	25	27	31	33	35	37

图 2-1-9 三菱 FX5U-64MR-E PLC 的端口

表 2-1-7 三菱 FX50-64MR-E PLC 的参数

参数表	
额定电压/V	AC100~240
电压允许范围/V	AC85~264
额定频率/Hz	50/60
允许瞬时停电时间	10 ms 以下瞬时停电时,可继续运行
消耗功率/W	40
DC 24 V 供给电源容量/mA	600(CPU 模块输入回路使用供给电源时额容量)
	740(CPU 模块输入回路使用外部电源时额容量)
DC 5 V 电源容量/mA	1100
输入点数/点	32
输入形式	漏型/源型
输入信号电压	DC 24 V +20%、-15%
输入信号电流	X000-X017 5.3 mA/DC 24 V
	X020 以后 4 mA/DC 24 V
输出点数/点	32
输出种类	继电器
外部电源	DC 30 V 以下、AC 240 V 以下(不符合 CE、UL、cUL 规格时为 AC 250 V 以下)

2. 光伏控制器

光伏控制器是用于太阳能发电系统中,控制太阳能电池方阵对蓄电池充电以及蓄电池给后端负载供电的自动控制设备。光伏控制器分为光伏输入端、蓄电池输入端和光伏控制器输出端。在光伏输入端接入直流稳压电源或光伏单轴发电平台,然后在蓄电池输入端接入相应的 12 V 或 24 V 电压,输出 12 V 或 24 V 电压给后端器件使用。光伏控制器实物如图 2-1-10 所示。

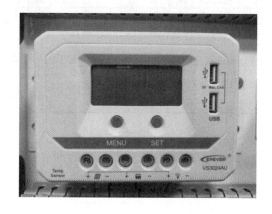

图 2-1-10　光伏控制器实物

(五)环境感知模块

通过环境感知模块,可实现对温度、湿度、光照度的采集。环境感知模块包含 24 V 供电的光敏传感器和 5 V 供电的温度、湿度传感器。分别采集温度、湿度、光照信息后,环境感知模块能按差分信号正逻辑或其他所需形式输出信息,以满足用户需求。当使用阻抗更高的接收器时,它可以驱动更多的接收器。

1.24 V 供电的光敏传感器

24 V 供电的光敏传感器的实物如图 2-1-11 所示。

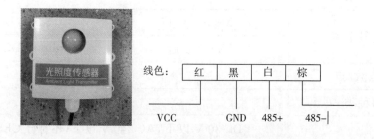

图 2-1-11　24 V 供电的光敏传感器的实物

24 V 供电的光敏传感器参数见表 2-1-8 所列。

表 2-1-8 24 V 供电的光敏传感器参数

供电电压	DC 24 V(22~26 V)
输出	RS485
通信	RS485(A+,B+)
最大允许误差	±7%
操作环境温度和湿度	0~70 ℃、0%~70%RH

2.5 V 供电的温度、湿度传感器

5 V 供电的温度、湿度传感器实物如图 2-1-12 所示。

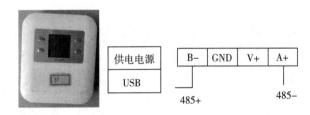

图 2-1-12 5 V 供电的温度、湿度传感器实物

5 V 供电的温度、湿度传感器的参数见表 2-1-9 所列。

表 2-1-9 5 V 供电的温度、湿度传感器的参数

供电电压	USB 5 V
通信	RS485(A+,B+)标准 MODBUS RTU 协议
温度测量范围/℃	−20~60
温度测量精度/℃	±0.3(25 ℃)
湿度测量范围/RH	0~99.9%
湿度测量精度/RH	±2%(25 ℃)
显示分辨率	温度:0.1 ℃。湿度:0.1%RH

(六)通信模块

通过通信模块,可实现系统的通信及数据传输。通信模块包含 1 个交换机、2 个 LoRa 通信模块、1 个智慧运维采集器和 1 个光伏运维终端。

交换机分别为 PLC、光伏运维终端或智慧运维采集器、计算机提供独享的电

信号通路。

2 个 LoRa 通信模块,分别用于发送和接收采集端环境感知模块的数据,建立一种基于扩频技术的超远距离无线传输方案;然后接收端以 485 通信的方式接入组态软件中,实现对数据的远程采集。

光伏运维终端或智慧运维采集器用于采集并网逆变器的信息,通过以太网稳当、可靠、快速地将并网逆变器的信息传输给光伏智能运维软件。

1. 交换机

交换机实物如图 2-1-13 所示。

图 2-1-13 交换机实物

交换机的参数见表 2-1-10 所列。

表 2-1-10 交换机的参数

电源	DC 5 V/2 A
标准和协议	IEEE 802.3、IEEE 802.3u、IEEE802.3ab、IEEE802.3x
端口	8 个 10/100M 自适应 RJ45 端口(Auto MDI/MDIX)
网络介质	10Base-T(3 类或 3 类以上 UTP)、100Base-TX(5 类 UTP)、1000Base-T(超 5 类 UTP)
转发速率/Mbps	10/100/1000
背板带宽/Gbps	16
MAC 地址表	8 K

（续表）

LED 指示	10/100/1000 Mbps(LmK/ACT)、Power(电源)
转发模式	存储转发
访问方式	CSMA/CD

2. LoRa 通信模块

LoRa 通信模块实物如图 2-1-14 所示。

图 2-1-14　LoRa 通信模块实物

LoRa 通信模块的参数见表 2-1-11 所列。

表 2-1-11　LoRa 通信模块的参数

供电范围/V	DC 5～36
通信标准及频段	410～441 MHz,1000 KHz 步进,建议(433±5) MHz,出厂默认 433 MHz
室内/市区通信距离/km	1
户外/视距通信距离/km	3.5
模块化插槽数	5

（续表）

供电范围/V	DC 5～36
串口	1 个 RS232 和 1 个 RS485（或 RS422）接口，内置 15KV ESD 保护，串口参数如下：数据位（8 位）、停止位（1 位、2 位）、校验（无校验、奇校验、偶校验）、波特率（300 bps、600 bps、1200 bps、2400 bps、4800 bps、9600 bps、19200 bps、38400 bps、57600 bps、115200 bps）

3. 智慧运维采集器

智慧运维采集器实物如图 2-1-15 所示。

图 2-1-15　智慧运维采集器实物

智慧运维采集器的参数见表 2-1-12 所列。

表 2-1-12　智慧运维采集器的参数

工作电压/V	5～12
通信方式	上行通信接口：以太网， 下行采集接口（连接设备）：RS485 上行通信接口的通信协议：鉴恒规范（金太阳） 下行采集接口的通信协议：MODBUS 通信协议
工作温度/℃	-45～85 ℃
防水等级	IP65

4. 光伏运维终端

光伏运维终端实物如图 2-1-16 所示。

图 2 - 1 - 16　光伏运维终端实物

光伏运维终端的参数见表 2 - 1 - 13 所列。

表 2 - 1 - 13　光伏运维终端的参数

工作电压/V	DC 24
通信方式	2 个 RS485,1 个 RS232
支持最大电站规模	15kWp
传送数据	以太网

(七)智能离网微逆变模块

智能离网微逆变模块是光伏发电系统的一个重要部件,它是一款总功率为 240 W 的功率变换装置,能将光伏组件的输出能量转换为 220 V 交流电,其最大效率大于 86%。它主要由逆变桥、控制逻辑和滤波电路组成。通过设置智能离网微逆变模块软件或硬件,将直流供电逆变输出为交流电以供给后端负载使用。在智能离网微逆变系统软件的逆变控制界面上,对死区时间、基波频率、输出电压进行设置更改,设定智能离网微逆变模块的输出电压与频率,同时在串口屏上显示返回的电压、电流、温度、频率等数据。

在智能离网微逆变模块的采样显示界面上,我们可以观测到模块的输出电压、电流的波形与电压、电流、功率等数值。智能离网微逆变模块主控板可对 4 路电路进行信号故障检测，并在串口屏与主控板上进行故障指示灯的显示与报警。智能离网微逆变模块能够支持 RS485、RS232、Wi-Fi/以太网等多种通信手段。智能离网微逆变模块实物如图 2-1-17 所示。

图 2-1-17　智能离网微逆变模块实物

智能离网微逆变系统的参数见表 2-1-14 所列。

表 2-1-14　智能离网微逆变系统的参数

输入电压/V	DC 20～28
输出电压/V	AC 220/软件可调
输出频率/Hz	50/60（软件切换）
最大持续功率/W	240
峰值功率/W	400
转换效率	＞86％
高压切断/V	28
低压报警/V	20
通信	RS485、RS232、Wi-Fi/以太网
失真率	≤5％

二、光伏并网隔离系统

光伏并网隔离系统由并网逆变器、隔离变压器组成。

(一)并网逆变器

并网逆变器集多重保护功能、超高开关频率技术于一体,有设计轻便、安装简易、功率范围广(700～3600 W)等优势,甚至达到 IP65 户外型保护级别。其最大效率大于 97%,有极低的启动电压、精确的 MPPT 算法和可控的 PMW 逆变器技术,支持 RS485、Wi-Fi、GPRS 等多种通信手段。通过输入可调直流稳压电源,在市电接入的情况下,并网逆变器可全自动追踪市电的电压、相位、频率,将电能转化为与电网同频、同相的正弦波电流,并馈入电网,实现自主并网功能。并网逆变器的运行信息和各种故障信息等通过 RS485、Wi-Fi、GPRS 等多种通信手段上传至分布式光伏运维软件,可靠、安全、高效地实现并网发电功能。

图 2-1-18 并网逆变器实物

并网逆变器实物如图 2-1-18 所示。

并网逆变器的参数见表 2-1-15 所列。

表 2-1-15 并网逆变器的参数

参数表	
最大输入功率/kW	0.9
最大输入电压/V	600
启动电压/V	60
MPPT 电压范围/V	50～500
最大输入直流电流/A	11
MPPT 数量/最大可接入组串数	1/1
额定输出功率/kW	0.7
最大视在功率/kW	0.8
最大输出功率/kW	0.8
额定电网电压/V	230

（续表）

参数表	
电网电压范围/V	160～230
额定电网频率/Hz	50/60
额定电网输出电流/A	3.2
最大输出电流/A	4.4
最大效率	97.2%
MPPT 效率	＞99.5%

（二）隔离变压器

隔离变压器是指输入绕组与输出绕组带电气隔离的变压器。隔离变压器可以避免偶然同时触及带电体,变压器的隔离是隔离原副边绕线圈各自的电流,使一次侧与二次侧的电气完全绝缘,也使该回路隔离。另外,利用其铁芯的高频损耗大的特点,抑制高频杂波传入控制回路。隔离变压器二次对地悬浮,只能用在供电范围较小、线路较短的场合。此时,系统的对地电容电流小得不足以对人身造成伤害。隔离变压器还有一个很重要的作用是隔离危险电压,保护人身安全。隔离变压器实物如图 2-1-19 所示。

图 2-1-19 隔离变压器实物

🧠 任务实施

观察光伏发电实训室里,光伏发电实训设备上各元件的规格、型号和参数,完成表 2-1-16。

表 2-1-16 观察记录表

元件名称	型号	参数

（续表）

元件名称	型号	参数

任务二　光伏发电系统的软件介绍

任务描述

本任务主要介绍力控监控组态软件（ForceControl V7.1 SP1）和编程组态软件（GX－works3）。力控监控组态软件是为用户提供快速构建工业自动控制系统监控功能的通用层次的软件工具。GX－works3 主要用于三菱 FX5U 系列 PLC 的编程，支持 IEC 61131－3 标准，不再支持简单工程的模式，而使用结构化编程和梯形图编程，可以继续使用简单工程的模式，也可以不使用标签变量，直接使用物理地址。

相关知识

一、力控监控组态软件

典型的计算机控制系统通常可以分为设备层、控制层、监控层、管理层四个层次结构，构成一个分布式的工业网络控制系统。其中，设备层负责将物理信号转换成数字或标准的模拟信号；控制层完成对现场工艺过程的实时监测与控制；监控层通过对多个控制设备的集中管理，完成监控生产运行过程；管理层对生产数据进行管理、统计和查询。监控组态软件一般是位于监控层的专用软件，负责对下集中管理控制层，向上连接管理层，是企业生产信息化的重要组成部分。

力控监控组态软件是对现场生产数据进行采集与过程控制的专用软件，最大的特点是能以灵活多样的"组态方式"而不是编程方式来进行系统集成。它提供了良好的用户开发界面和简捷的工程实现方法，只要将其预设置的各种软件模块进行简单的"组态",便可以非常容易地实现和完成监控层的各项功能。例如,在分布式网络应用中,所有应用(例如趋势曲线、报警等)引用远程数据的方法与引用本地数据的方法完全相同,通过"组态"的方式可以大大缩短自动化工程师系统集成的时间,提高集成效率。

力控监控组态软件能同时和国内外各种工业控制厂家的设备进行网络通信,它可以与可靠性高的工控计算机和网络系统结合,达到集中管理和监控的目的。同时,它还可以方便地向控制层和管理层提供软件、硬件的全部接口,实现与"第三方"的软件、硬件系统的集成。力控监控组态软件如图2-2-1所示。

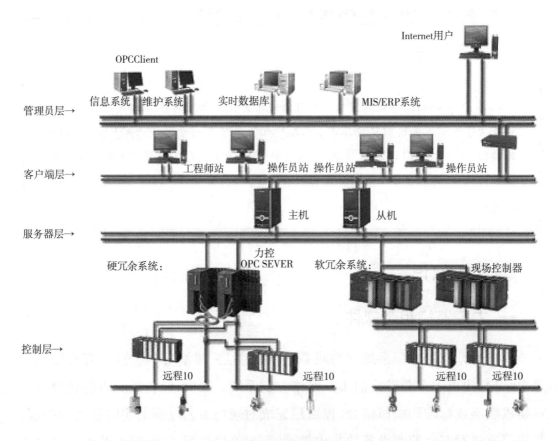

图 2-2-1 力控监控组态软件

力控监控组态软件基本的程序及组件包括工程管理器、人机界面(VIEW)、实时数据库(DB)、I/O驱动程序、控制策略生成器以及各种数据服务和扩展组件等,其中实时数据库是系统的核心。力控监控组态软件结构如图2-2-2所示。

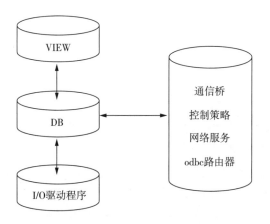

图 2-2-2　力控监控组态软件结构

(一)工程管理器

工程管理器用于工程管理,其功能包括创建、删除、备份、恢复、选择工程等。力控监控组态软件工程管理器如图 2-2-3 所示。

图 2-2-3　力控监控组态软件工程管理器

(二)开发系统

开发系统是一个集成环境,可以完成创建工程画面,配置各种系统参数、脚本、动画,启动力控其他程序组件等功能。力控监控组态软件开发系统如图 2-2-4 所示。

图 2-2-4　力控监控组态软件开发系统

(三)界面运行系统

界面运行系统用来运行由开发系统创建的包括画面、脚本、动画链接等在内的工程,操作人员通过它来实现实时监控。界面运行系统如图 2-2-5 所示。

图 2-2-5　界面运行系统

(四)实时数据库

实时数据库是力控监控组态软件系统的数据处理核心,是构建分布式应用系统的基础,它负责进行实时数据处理、历史数据存储、统计数据、报警处理、数据服务请求处理等。所示实时数据库界面如图 2-2-6 所示。

图 2-2-6　所示实时数据库界面

(五)I/O 驱动程序

I/O 驱动程序负责力控监控组态软件与控制设备的通信,它将 I/O 设备寄存器中的数据读出后,传送到力控的实时数据库中,最后界面运行系统会在画面上进行动态显示。I/O驱动程序的界面如图2-2-7所示。

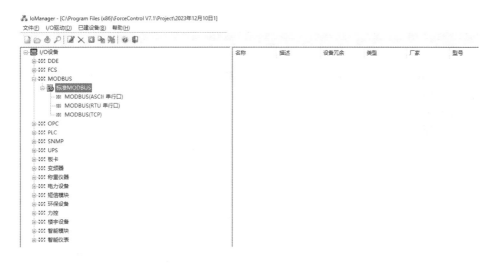

图2-2-7 I/O驱动程序的界面

二、GX-works3软件

(一)启动软件

GX-works3是三菱FX系列PLC的编程软件。安装完软件之后,在Windows系统中启动安装程序,进入GX-works3系统,双击文件,出现如图2-2-8所示的GX-works3启动界面。

图2-2-8 GX-works3启动界面

(二)认识 GX-works3 编程软件的界面

GX-works3 编程软件的界面如图 2-2-9 所示。

图 2-2-9　GX-works3 编程软件的界面

① 标题栏:用于显示当前编程文件的名称。

② 菜单栏:包括文件、编辑、工具、PLC、遥控、监控/测试等菜单。

③ 工具栏:包括保存、打印、剪切、转换、元件名查询、指令查询、触点/线圈查询、刷新等按钮。

④ 梯形图编辑窗口:用于对梯形图进行编辑。

⑤ 状态栏:显示窗口的状态。

⑥ 导航栏:可以设置程序、标签、软元件、参数。

三、学习文件及文件程序的编辑

(一)文件的编辑

若首次进行程序设计,则首先启动 GX-works3 编程软件,在其界面上选择"工程"→"新建"命令,或单击常用工具栏中的"新建"按钮 □,弹出"新建"对话框,根据实际需要确定系列和机型。如选中"FX5CPU""FX5U"单元按钮,程序语言可选择"梯形图、ST、FBD/LD"(图 2-2-10),单击"确认"按钮,进入图 2-2-11 所示状态。可以继续添加模块,用左键单击"设置更改",可更改各种参数(图 2-2-12)。如果不需要更改,可单击"确定"按键。这时进入相应的编辑状态。

若要打开已经存在的文件,则应首先打开 GX-works3 编程软件,然后选择"文件"→"打开"命令,弹出"File Open"对话框,在其中选择正确的驱动器、文件类型和文件名,单击"确定"按钮。

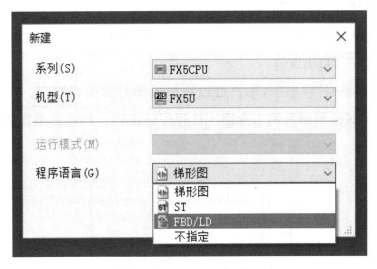

图 2 - 2 - 10　工程新建(a)

图 2 - 2 - 11　工程新建(b)

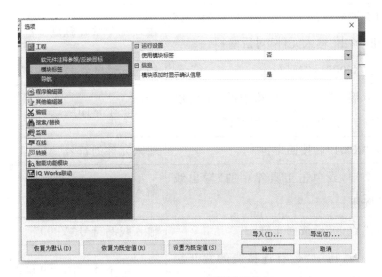

图 2 - 2 - 12　工程新建(c)

(二)文件程序的编辑

当正确进入 GX-works3 编程软件后,文件程序的编辑有多种编辑状态形式:梯形图、ST、FBD/LD 等。

在"梯形图编辑"状态下,用户可以用梯形图形式编辑程序。现在以输入图 2-2-13 所示的梯形图为例来介绍文件程序的编辑。梯形图编辑程序的操作步骤及解释见表 2-2-1 所列。

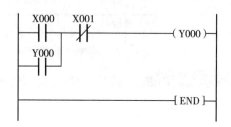

图 2-2-13　梯形图

表 2-2-1　梯形图编辑程序的操作步骤及解释

序号	操作步骤	解释
1	选择"工程"→"新建"命令,或选择"文件"→"打开"命令,选择 PLC 类型设置(如 FX5CPU)后,选择"梯形图",单击"确认"按钮,打开梯形图编辑窗口	建立新文件或打开已有文件,进入"梯形图编辑"状态,进入"输入"状态,光标处于元件输入位置
2	将光标移到左边母线最上端	确定状态元件输入位置
3	按 F5 键或单击工具箱中的"常开触点"按钮,弹出"输入元件"对话框	输入一个常开触点
4	输入"X000"后按回车键	输入元件的符号"X000"
5	按 F6 键,或单击工具箱中的"常闭触点"按钮,弹出"输入元件"对话框	输入一个常闭触点
6	输入"X001"后按回车键	输入元件的符号"X001"
7	按 F7 键,或单击工具箱中的"输出线圈"按钮	输入一个输出线圈
8	输入"Y000"后按回车键	输入线圈符号"Y000"
9	单击工具箱中"带有连接线的常开触点"按钮,弹出"输入元件"对话框	输入一个并联的常开触点

（续表）

序号	操作步骤	解释
10	输入"Y000"后按回车键	输入一个线圈的辅助常开的符号"Y000"
11	按 F8 键，或单击工具箱中的功能元件"—[ ]—"，弹出"输入元件"对话框	输入一个功能元件
12	输入"END"后按回车键	输入结束符号

注意：梯形图编辑程序必须转换成指令表格式后，才能在 PLC 中运行。

单击快捷指令栏中的"转换"按钮，或选择使用快捷键 F4 命令，可将梯形图编辑程序转换成指令表格式。

与指令表编程相比，梯形图编程比较简单、明了，接近电路图。所以，一般用梯形图来编辑 PLC 程序，然后将之转换成指令表格式，下载运行。

四、PLC 与 PC 连接测试

首先用网线把 PC（计算机）和 PLC 连接起来，然后打开 GX－works3 软件，点击"连接目标"，然后双击"connection"，在显示的"CPU 模块直接连接设置"画面中选择合适适配器，点击"确定"，若显示"successful"，则连接成功。PLC 与 PC 连接测试如图 2－2－14 所示。

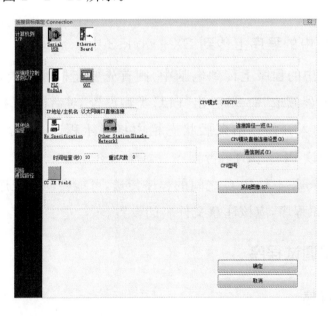

图 2－2－14　PLC 与 PC 连接测试

五、传送 GX – works3 与 PLC 之间的程序

在 GX – works3 中把程序编辑好之后,要把程序下载到 PLC 中去,程序只有在 PLC 中才能运行;也可以把 PLC 中的程序上传到电脑(PC)中。在 PC 和 PLC 之间进行程序传送之前,应该先用电缆连接好 PC – GX 和 PLC。

(一)把 GX – works3 中的程序下载到 PLC 中

若 GX – works3 中的程序用指令表编辑,则可直接传送;若用梯形图编辑,则要求转换成指令表格式后才能传送,这是因为三菱 PLC 只能识别指令表。具体步骤如下。

① 选择"在线"→"写入至可编程序控制器",也可点击菜单栏的 ⬛ 按钮下载程序;在弹窗中选择"全部",然后点击"执行",等待程序下载完成。

② 选择完写入范围后单击"确认"按钮。如果写入时 PLC 处于"RUN"状态,则通信不能进行,屏幕上会出现"PLC 正在运行,无法写入"的提示。这时应该先将 PLC 的"RUN/STOP"开关置于"STOP"位置,或选择"PLC"→"遥控运行/停止"命令,然后才能进行通信。进入 PLC 程序写入过程时,屏幕上会出现闪烁的"Please wait a moment"等提示。写入结束后,PLC 会自动核对写入程序,核对无误后才能运行。

注意:上述核对只是核对程序是否写入了 PLC,电路的正确与否由 PLC 判定,与通信无关。

(二)把 PLC 中的程序上传到 GX – works3 中

若要把 PLC 中的程序上传到电脑中,则首先要连接好网线,选择"在线"→"从可编程序控制器读取"命令,弹出"PLC 类型设置"对话框,选择 PLC 类型,单击"确认"按钮,读入开始。结束后状态栏中将显示程序步数。这时,在 GX – works3 中可以阅读 PLC 中的运行程序。

注意:GX – works3 和 PLC 之间的程序传送,可能会使原程序被当前程序覆盖。若不想覆盖原程序,应该注意文件名的设置。

六、运行和调试程序

(一)运行程序

当程序被写入 PLC 后就可以在 PLC 中运行该程序了。具体方法:先使

PLC 处于"RUN"状态,再通过实验系统的输入开关对 PLC 输入给定信号,观察 PLC 输出指示灯,验证是否符合编辑程序的电路逻辑关系。如果存在问题可以通过 GX－works3 提供的调试工具来确定和解决问题。例如,编辑、传送、运行图 2－2－15 所示的运行验证程序。

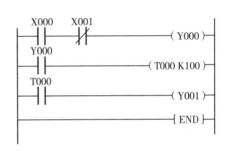

图 2－2－15 运行验证程序

具体步骤如下:

① 在 GX－works3 中,用梯形图方式编辑程序,再将其转换成指令表程序;

② 将编制好的程序写入 PLC 中,在写入时 PLC 应处于"STOP"状态;

③ PLC 中的程序在运行前应使 PLC 处于"RUN"状态;

④ 输入给定信号,观察输出状态,验证程序的正确性,输出状态观察表见表 2－2－2 所列。

表 2－2－2　输出状态观察表

序号	操作步骤	观察现象
1	闭合 X000 断开 X001	Y000 应该动作
2	闭合 X000 闭合 X001	Y000 应该不动作
3	断开 X000	Y000 应该不动作
4	Y000 动作 10 s 后 T0 定时器触点闭合	Y001 应该动作
结论	—	T0、Y001 电路正确

(二)调试程序

当程序被写入 PLC 后,按照设计要求可用 GX－works3 来调试 PLC 程序。如果有问题,可以通过 GX－works3 提供的调试工具来确定问题所在。

另外,在调试时可以调用 PLC 的诊断功能,观察诊断结果。

调试结束,关闭"监控/测试"状态,程序进入"RUN"状态。

(三)退出系统

完成程序调试后退出系统前应该先确定程序文件名,并将其存盘,然后关闭 GX－works3 所有应用子菜单显示图,退出系统。

⊙ 项目小结

光伏发电系统由硬件平台和软件平台两部分组成。其中,硬件平台包括光伏装调实训平台和光伏并网隔离系统两部分。软件主要介绍了力控监控组态软件(ForceControl V7.1 SP1)和编程组态软件(GX - works3)。后文以分布式光伏发电为例进行介绍。

⊙ 项目训练

1.光伏发电系统硬件平台主要由哪几部分组成?

2.简述开关稳压电源、蓄电池、光伏控制器、LoRa 通信模块、离网逆变器的作用。

3.简画电压电流表、双向电能表、单相电能表、光伏运维终端、LoRa 通信模块的接线图。

4.使用 GX - works3 完成下列图 2 - 2 - 16 梯形图的输入,并且传入 PLC 进行程序调试。

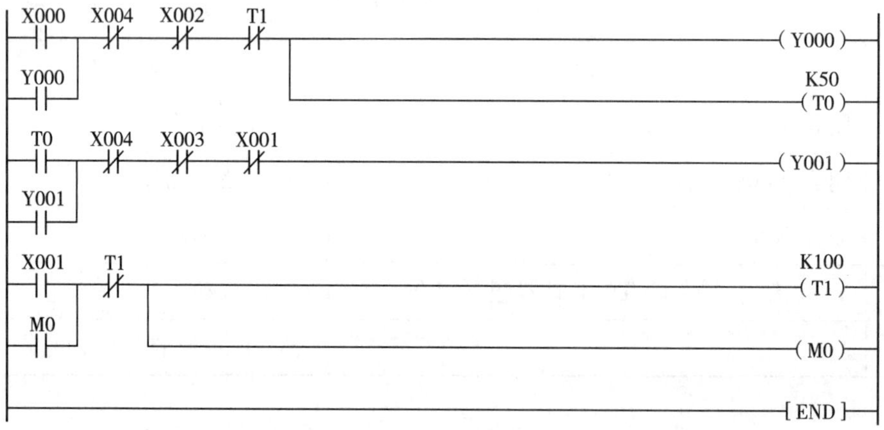

图 2 - 2 - 16 梯形图

分布式光伏发电实训系统基础实训

◀ 项目目标

1. 掌握触电的类型、原因及急救方法；

2. 了解光伏组件的原理及工作原理，掌握光伏组件的连接与测试方法、光伏组件串并联连接方式、MC4 连接器的制作；

3. 掌握离网光伏工程直流系统和交流系统的搭建与测试方法；

4. 掌握分布式光伏发电实训并网与离并网系统搭建与测试方法。

▦ 项目描述

分布式光伏发电实训系统基础实训部分将讲述触电急救和光伏电站运维中常用工器具的使用等电工基本操作，光伏组件的连接与测试等基础实训内容。学会这些内容是学习光伏发电实训技能的基础，可为后续学习分布式光伏工程逻辑控制实训打下基础。

任务一　电工基本技能训练

任务描述

　　本任务主要围绕光伏发电系统的安全用电展开,重点分析触电原因、安全用电措施、触电急救方法、光伏发电系统安全危险源,以及常用仪器仪表、安全用具的使用方法,使读者能够掌握安全用电方法、触电急救方法和仪器仪表、安全用具的使用方法。

相关知识

一、触电

(一)触电的类型

　　触电是指人体触及带电体后,电流对人体造成伤害。人体触电时,电流通过人体,就会对人体造成伤害。按伤害程度不同,伤害可分为电击和电伤两种。人体触电的伤害程度与通过人体的电流大小、频率、时间长短、触电部位及触电者的生理素质等情况有关。通常低频电流对人体的伤害高于高频电流,而电流通过心脏和中枢神经系统则最为危险。当通过人体(心脏)的电流为 1 mA 时,就会使人有感觉,这个电流称为感知电流。若电流为 50 mA 以上,就会有生命危险,而达到 100 mA 时很短时间就足以致命。触电时间越长,危害就越大。40～60 Hz 的交流电比其他频率的电流更危险。

1. 电击

　　电击是指电流通过人体内部,破坏人体内部组织,影响呼吸系统、循环系统(包括心脏)及神经系统的正常功能,甚至危及生命。电击致伤的部位主要在人体内部。它可以使肌肉抽搐,内部组织损伤,造成发热、发麻、神经麻痹等,严重时将引起昏迷、窒息,甚至心脏停止跳动而死亡。几十毫安的工频电流可使人遭到致命电击。人们通常所说的触电就是指电击,大部分触电死亡事故是由电击造成的。

　　按照人体触电的方式和电流通过人体的途径,电击触电有 3 种情况。几种触电情况如图 3-1-1 所示。

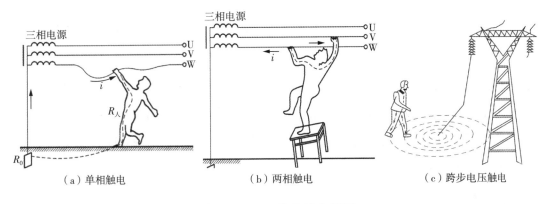

图 3-1-1　几种触电情况

① 单相触电即单线触电,如图 3-1-1(a)所示,是指人体触及单相带电体的触电事故。此时电流自相线经人体、大地、接地极、中性线形成回路。因现在广泛采用三相四线制供电,且中性线一般都接地,故发生单线触电的机会也最大。此时人体承受的电压是相电压,在低压动力线路中为 220 V。

② 两相触电即双线触电,如图 3-1-1(b)所示,是指人体同时触及两相带电体的触电事故。这种情况下人体所受到的电压是线电压,通过人体的电流很大,而且电流的大部分流经心脏,所以双线触电比单线触电更危险。

③ 跨步电压触电,如图 3-1-1(c)所示。当带电体接地有电流流入地下时,电流在接地点周围产生电压降,人在接地处两脚之间出现了跨步电压,由此引起的触电事故叫跨步电压触电。

2. 电伤

电伤是指电流的热效应、化学效应、机械效应及电流本身作用造成的人体伤害。电伤会在人体皮肤表面留下明显的伤痕,常见的有灼伤、烙伤和皮肤金属化等现象。

在触电事故中,电击和电伤常会同时发生。

(二)触电的原因

发生触电事故的常见原因有以下几种:

① 缺乏电气安全知识,触及带电的导线,如用湿手去拔插头;

② 违反操作规程,如在没有任何防护措施的情况下带电作业;

③ 设备不合格,安全距离不够,如大型电器外壳没有接地、没有采取必要的安全措施在高压线附近进行作业;

④ 设备失修,如高压线落地未及时处理;

⑤ 由于用电设备管理不当,绝缘损坏,发生漏电,人体碰触漏电设备外壳。

以上无论是由主观的原因还是客观的原因引起的触电,都应当提前预防,尽量避免触电事故发生。当然,也有偶然的原因,如遭受雷击等。电既能造福于人类,也可能因用电不慎而危害人民的生命和国家的财产。因而,在用电过程中必须特别注意电气安全,要防止触电事故,应在思想上高度重视,健全规章制度和完善各种技术措施。

(三)组织措施

① 在电气设备的设计、制造、安装、运行、使用和维护以及专用保护装置的配置等环节中,要严格遵守国家规定的标准和法规。

② 加强安全教育,普及安全用电知识。对从事电气工作的人员,应加强教育、培训和考核,以增强安全意识和防护技能,杜绝违章操作。

③ 建立健全安全规章制度,如安全操作规程、电气安装规程、运行管理规程、维护检修制度等,并在实际工作中严格执行。

(四)技术措施

1. 基本安全措施

① 合理选用导线和熔丝。各种导线和熔丝的额定电流值可以从电工手册中查得。在选用导线时应使其载流能力大于实际输电电流。熔丝额定电流应与最大实际输电电流相符,切不可用导线或铜丝代替。

② 正确安装和使用电气设备。认真阅读使用说明书,按规程使用安装电气设备。例如,严禁带电部分外露,注意保护绝缘层,防止绝缘电阻降低而发生漏电、按规定进行接地保护等。

③ 开关必须接相线。单相电器的开关应接在相线(俗称火线)上,切不可接在零线上。以便在开关关断状态下维修及更换电器,从而减少触电的可能性。

④ 防止跨步电压触电。应远离断落地面的高压线 8~10 m,不得随意触摸高压电气设备。

2. 停电工作中的安全措施

在线路上作业或检修设备,应在停电后进行,并采取下列安全技术措施。

① 切断电源。切断电源必须按照停电操作顺序进行,来自各方面的电源都

要断开,保证各电源有一个明显断点。对多回路的线路,要防止从低电压侧反送电。

② 验电。对于停电检修的设备或线路,必须验明电气设备或线路无电后,才能确认无电,否则应视为有电。验电时,应选用电压等级相符、经试验合格且在试验有效期内的验电器。应对检修设备的进出线两侧各相分别验电,确认无电后方可工作。

③ 装设临时地线。对于送电到检修的设备或线路,以及可能产生感应电压的地方,都要装设临时地线。装设临时地线时,应先接好接地端,在验明电气设备或线路无电后,立即装设临时地线到被检修的设备或线路上,拆除地线顺序和安装地线顺序相反。操作人员应戴绝缘手套,穿绝缘鞋,人体不能触及临时接地线,并有人监护。

④ 悬挂警告牌。停电工作时,对一经合闸即能送电到检修设备或线路开关和隔离开关的操作手柄,要在其上面悬挂"禁止合闸,线路有人工作"的警告牌,必要时派专人监护或加锁固定。

3. 带电工作中的安全措施

在一些特殊情况下必须带电工作时,应严格按照带电工作的安全规定进行。

① 在低压电气设备或线路上进行带电工作时,应使用合格的、带绝缘手柄的工具,穿绝缘鞋,戴绝缘手套,并站在干燥的绝缘物体上,同时派专人监护。

② 对工作中可能碰触到的其他带电体及接地物体,应使用绝缘物隔开,防止相间短路和接地短路。

③ 检修带电线路时,应分清相线和地线。断开导线时,应先断开相线,后断开地线。搭接导线时,应先接地线,后接相线;接相线时,应将两个线头搭实后再缠接,切不可使人体或手指同时接触两根线。

④ 同杆架设高压线、低压线时,检修人员离高压线的距离要符合安全距离要求。

4. 电气设备安全措施

对电气设备还应采取下列安全措施:

① 电气设备的金属外壳要采取保护接地或接零措施;

② 安装自动断电装置;

③ 尽可能采用安全电压;

④ 保证电气设备具有良好的绝缘性能；

⑤ 采用电气安全用具；

⑥ 设立屏护装置；

⑦ 保证人或物与带电体的安全距离；

⑧ 定期检查用电设备。

以上安全措施对防止触电事故和电气设备安全运行是非常重要的。

5. 触电急救

如果遇到触电情况,要沉着冷静、迅速果断地采取应急措施。针对不同的伤情,采取相应的急救方法,争分夺秒地抢救,直到医护人员到来。

(1)解脱电源

人在触电后可能由于失去知觉或体内电流超过人的摆脱电流而不能自己脱离电源,此时抢救人员不要惊慌,要在保护自己不被触电的情况下使触电者脱离电源,如图 3-1-2 所示。

① 如果因接触电器而触电,应立即断开近处的电源,可就近拔掉插头,断开开关或打开保险盒。

② 如果因碰到破损的电线而触电,附近又找不到开关,可用干燥的木棒、竹竿等绝缘工具把电线挑开,挑开的电线要放置好,不要使人再触到。

图 3-1-2 使触电者脱离电源

③ 如一时不能实行上述方法,触电者又趴在电器上,可隔着干燥的衣物将触电者拉开。

注意

抢救者脚下最好垫有干燥的绝缘物。

④ 在脱离电源过程中,如触电者在高处,要防止脱离电源后跌伤而造成二次受伤。

⑤ 在使触电者脱离电源的过程中,抢救者要防止自身触电。如在没有绝缘防护的情况下,切勿用手直接接触触电者的皮肤。

（2）脱离电源后的判断

触电者脱离电源后，应迅速判断其症状，根据其受电流伤害的不同程度，采用不同的急救方法。

① 判断触电者有无知觉。触电如引起触电者呼吸停止及心脏室颤动、停搏，要迅速判明，立即进行现场抢救。触电时大脑将发生不可逆的损害，可能导致大脑死亡。因此必须迅速判明触电者有无知觉，以确定是否需要抢救。可以用摇动触电者肩部、呼叫其姓名等方法检查他有无反应，若没有反应，则触电者有可能呼吸、心搏停止，这时应抓紧进行抢救工作。

② 判断呼吸是否停止。将触电者移至干燥、宽敞、通风的地方，将衣裤放松，使其仰卧，观察胸部或腹部有无因呼吸而产生的起伏动作。若不明显，可用手或小纸条靠近触电人的鼻孔，观察有无气息流动；或将手放在触电者胸部，感觉有无呼吸动作，若没有，说明呼吸已经停止。

③ 判断脉搏是否搏动。用手检查颈部的颈动脉或腹股沟处的股动脉，看有无搏动，如有，说明心脏还在工作。另外，还可将耳朵贴在触电者心脏区附近，倾听有无心脏跳动的声音，若有，也说明心脏还在工作。

④ 判断瞳孔是否放大。瞳孔是受大脑控制的一个自动调节的光圈，如果大脑机能正常，瞳孔可随外界光线的强弱自动调节大小。处于死亡边缘或已死亡的人，由于大脑细胞严重缺氧，大脑中枢失去对瞳孔的调节控制，瞳孔会自行放大，对外界光线强弱不再作出反应。

（3）触电的急救方法

1）现场急救方法

发生触电时，现场急救的具体方法如下：

① 触电者神志清醒，但感觉乏力、头昏、心悸、出冷汗，甚至恶心或呕吐。此类触电者应就地安静休息；情况严重时，小心送往医疗部门，请医护人员检查治疗。

② 触电者呼吸、心跳尚在，但神志昏迷。此时应将触电者仰卧，周围的空气要流通，并注意保暖。除了要严密地观察外，还要做好人工呼吸和心脏按压的准备工作。

③ 经检查后，对于心跳停止的触电者，用体外人工心脏挤压法来维持血液循环；若呼吸停止，则用口对口人工呼吸法来维持气体交换；若呼吸、心跳全部停止，则需同时进行体外人工心脏挤压法和口对口人工呼吸法，同时向医院告急求

救。在抢救过程中,任何时刻抢救工作都不能中止,即便在送往医院的途中,也必须继续进行抢救,一定要边救边送,直到心跳、呼吸恢复。

2)人工呼吸方法

人工呼吸的目的,是用人工的方法来代替肺的呼吸活动,使气体能有节律地进入和排出肺部,供给体内足够的氧气,充分排出二氧化碳,维持正常的通气功能。

人工呼吸方法有很多,目前认为口对口人工呼吸法效果最好。口对口人工呼吸法的操作方法如下。

① 使触电者仰卧,解开衣领,松开紧身衣着,放松裤带,以免影响呼吸时胸廓的自然扩张。然后将触电者的头偏向一边,张开其嘴,用手指清除口内中的假牙、血块和呕吐物,使呼吸道畅通。

② 抢救者在触电者的一边,用靠近其头部的一只手紧捏触电者的鼻子(避免漏气),并用手掌外缘压住其额部,另一只手托在触电者的颈后,将颈部上抬,使其头部充分后仰,以解除舌下坠所致的呼吸道梗阻。

③ 抢救者先深吸一口气,然后用嘴紧贴触电者的嘴或鼻孔大口吹气,同时观察胸部是否隆起,以确定吹气是否有效和适度。

④ 吹气停止后,抢救者头稍侧转,并立即放松捏紧鼻孔的手,让气体从触电者的肺部排出,此时应注意胸部复原的情况,倾听呼气声,观察有无呼吸道梗阻。

⑤ 如此反复进行,每分钟吹气 12 次,即每 5 s 吹一次。

3)胸外按压

胸外按压是指有节律地用手对心脏进行挤压,用人工的方法代替心脏的自然收缩,从而达到维持血液循环的目的。此法简单易学,效果好,不需要设备,易于普及推广。胸外按压操作方法(图 3-1-3)如下。

① 使触电者仰卧于硬板上或地上,以保证挤压效果。

② 抢救者跪在病人的腰部。

③ 抢救者将一手掌根部按于病人胸下二分之一处,即中指指尖对准其胸部凹陷的下缘,另一手压在该手的手背上,肘关节伸直。依靠体重和臂、肩部肌肉的力量,垂直用力,向脊柱方向压迫胸骨下段,使胸骨下段与其相连的肋骨下陷 3~4 cm 间接压迫心脏,使心脏内血液搏出。

④ 挤压后突然放松(要注意掌根不能离开胸壁),依靠胸廓的弹性使胸复位。此时,心脏舒张,大静脉的血液回流到心脏。

⑤ 按照上述步骤连续操作,每分钟需进行 60 次,即每秒一次。

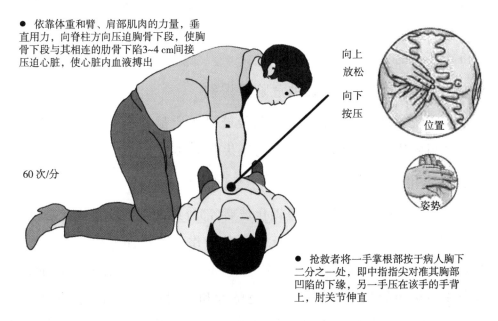

● 依靠体重和臂、肩部肌肉的力量,垂直用力,向脊柱方向压迫胸骨下段,使胸骨下段与其相连的肋骨下陷3~4 cm间接压迫心脏,使心脏内血液搏出

向上放松
向下按压

位置

60 次/分

姿势

● 抢救者将一手掌根部按于病人胸下二分之一处,即中指指尖对准其胸部凹陷的下缘,另一手压在该手的手背上,肘关节伸直

图 3-1-3　胸外按压操作方法

实例表明:触电后 1 min 内急救,有 60%～90% 的救活可能;触电后 1～2 min 内急救,有 45% 的救活可能;触电后 6 min 才进行急救,只有 10%～20% 的救活可能;时间再长救活的可能性更小,但仍有可能。所以触电急救必须分秒必争,在进行触电急救的同时要呼救,请医护人员前来。施行人工呼吸和心脏按压必须坚持不懈,直到触电者苏醒或医护人员前来救治为止。只有医生才有权宣布触电者真正死亡。

二、光伏电站运维过程中的危险源识别

光伏电站运维是通过预防性、周期性的维护以及定期的设备设施检测等手段,科学合理地对运行寿命中的电站进行管理,以保障整个系统的安全、稳定、高效运行,保证投资者的收益回报,其中安全保障是运维工作的基础和关键。近年来,随着国内光伏产业的迅猛发展,光伏电站正处于建设的热潮中,光伏电站的建设质量问题、安全问题频频爆发,越来越多的光伏电站面临运维的难题,科学、可靠的光伏运维方案也成了目前业内研究的一个热点。诸如设计缺陷、设备质量缺陷、施工不规范等问题不仅给光伏电站带来发电量损失,还加大了运维工作的难度,并且使运维工作本身存在更大的安全风险。如果运维过程中操作不当,

同样会发生人员伤亡和重大财产损失。

在光伏电站的运维工作中,存在多种风险,按照不同的运维工作过程,可从光伏系统的正常运行过程、巡视过程、组件清洗过程、检修过程、极端天气和突发情况共5个不同的方面进行危险源识别。

(一)正常运行过程中存在的危险源识别

若光伏系统的设计合理、施工规范、设施设备质量合格,则在其正常的运行过程中安全风险比较小。但正常运行的光伏电站也有存在的危险源。

1. 组件钢化玻璃自爆

晶体硅光伏组件的正面一般是钢化玻璃(部分组件双面都是钢化玻璃)。钢化玻璃在储存、运输、使用过程中在无直接外力作用下可能发生自动炸裂,即自爆现象,大部分钢化玻璃产品的自爆率为 $0.3\% \sim 3\%$。光伏组件使用的钢化玻璃在运行中自爆会导致组件丧失机械完整性和密封性。水汽一旦侵入组件内部,很容易造成组件漏电,自爆的组件遇到下雨或者潮湿天气则更危险,存在很大的安全隐患,必须更换。

2. 组件的"热斑效应"及自燃现象

在一定的条件下,光伏组件中缺陷区域成为负载,消耗其他区域所产生的能量,导致局部过热,这种现象称为"热斑效应"。高温下严重的热斑会导致电池局部烧毁、焊点熔化、栅线毁坏、封装材料老化等永久性损坏,局部过热还可能导致玻璃破裂、背板烧穿,甚至发生组件自燃,导致发生火灾等情况。热斑造成组件损坏如图3-1-4所示。

图3-1-4 热斑造成组件损坏

组件的"热斑效应"是造成自燃的最重要原因。除此之外,雷击、接线盒问题、连接器虚接也都有可能导致自燃。发生自燃的组件如图3-1-5所示。

图3-1-5　发生自燃的组件

3. 线缆的虚接、老化、破损等

线缆是光伏系统的重要组成部分,也是容易破损的材料。不规范的施工可能带来很大的安全隐患。常出现的问题有组件、汇流箱、逆变器等电气设备的线缆接头连接不牢,虚接导致设备运行时接触点的电阻很大,设备异常发热,存在自燃危险;线缆在施工过程中不慎被扎破,如果破损部位与金属部件接触,将导致正极或者负极接地,造成人员触电;组件的线缆未被收纳进背板或者未走线槽,直接在阳光下暴晒,很容易使线缆表面绝缘材料老化,使线缆绝缘等级降低;线缆泡在水中或者在潮湿的环境下,绝缘等级也容易降低。施工造成的线缆质量问题如图3-1-6所示。

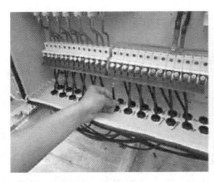
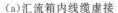

(a)汇流箱内线缆虚接　　　　　　　(b)线槽内线缆破损

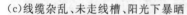

(c)线缆杂乱、未走线槽、阳光下暴晒　　　　　　(d)线缆泡水

图 3-1-6　施工造成的线缆质量问题

4. 电气设备进水或者异物

室外使用的电气设备必须具有良好的密封性和 IP(绝缘)防护等级,但部分电气设备由于本身质量不合格或者安装方式不合理,容易进水或者异物。比如早年建设的极个别项目使用了无边框的组件,边缘的密封性极差,水汽直接进入了组件内部;部分彩钢瓦屋顶电站沿着屋顶坡面安装汇流箱,下雨时水很容易进入箱体内;有些汇流箱甚至由于密封性不好,会有青蛙等小动物进入。进水或者异物的电气设备如图 3-1-7 所示。这些都很容易造成组件、汇流箱内部短路。

(a)无边框导致进水的组件　　　　　　(b)平装导致进水的汇流盒

图 3-1-7　进水或者异物的电气设备

(二)巡视过程中存在的危险源识别

1. 登高

登高是分布式光伏发电系统运维过程中经常要面临的,很多屋顶电站需要通过爬梯到达电站现场,这些爬梯的高度往往超过 2 m,即属于高处作业。大部分爬梯都没有按照高处作业的要求设置休息平台,部分直爬梯甚至没有任何护栏,运维人员在上下爬梯时如果稍有不慎,容易失足坠落,安全隐患极大。除了

爬梯外,屋顶的边缘也是很容易发生坠落的地方。大部分水泥屋顶的边缘都建有防护墙而彩钢瓦屋顶往往没有,而且早期建设的很多彩钢瓦屋顶电站都未在边缘安装防护栏杆,运维人员在靠近边缘处行走时容易失足。为了增加装机容量,部分项目在屋顶靠近边缘的位置也安装了组件、汇流箱等设备。在这些位置进行巡视和临边作业时,安全风险极大。此外,为了节省照明成本,很多彩钢瓦屋顶都建有塑料采光带,这些塑料采光带承重能力很弱,如果上面不设人行通道,又没有醒目的警示标识,人在屋顶行走时不慎踏在塑料采光带上,就可能发生坠落。

2. 高温及恶劣天气导致身体不适

光伏电站的巡视工作经常需要在阳光很强的天气下进行,运维人员长时间在高温环境下进行高空、高强度的作业,可能发生中暑或者其他身体不适,必须及时进行有效救护。

3. 环境恶劣的电站现场

部分分布式光伏发电系统建设在排放废气的厂房屋顶上,为了保证光伏系统的安全性和发电量,在这种环境恶劣的电站现场需要加大日常巡视的频率,因此巡视时运维人员要注意自身的防护,必要时应佩戴防毒面具。有时还要警惕在危险场合建设的光伏电站潜在的风险。比如广东深圳某屋顶光伏系统,下面是一个木工房,逆变器、交流配电柜等电气设备直接安装在木工房内,而这些设备的 IP 防护等级较低,导致设备内的元件、线缆被蒙上一层木屑,存在很大的风险。

4. 夜间巡视

夜间巡视时应注意保证足够的照明,特别是彩钢瓦屋顶的边缘和采光带附近,如有不慎可能坠落。

(三)组件清洗过程中存在的危险源识别

灰尘遮挡是影响光伏电站发电量的重要因素,因此组件的清洗是日常运维的一项重点工作,但运维人员往往容易忽视清洗过程中的触电风险。破裂的组件、绝缘失效的电缆、密封性差的汇流箱等电气设备都有可能在清洗过程中进水漏电,使清洗人员触电,彩钢瓦屋顶的漏电甚至可能导致整个屋顶导电,造成更严重的后果。此外,在组件表面温度高的中午清洗还有可能因为温度急剧变化造成组件炸裂。

(四)检修过程中存在的危险源识别

1. 拉弧

在光伏电站的运维过程中经常需要对部分设备进行检修,部分破损的设备可能需要更换,在检修和施工过程中对设备的不当操作很容易导致意外的发生,最常见的风险是拉弧。由于直流电没有自动灭弧的功能,当处于工作状态中的线路直接断开时就容易拉弧,这在组串式逆变器、直流汇流箱、组串的开关和连接线处都可能发生。一旦发生拉弧,轻者使接头、熔断器烧毁,重者甚至会引起火灾。不规范的施工也可能给运维人员的检修工作带来很大的风险,如广东南沙某光伏电站由于组串接入直流汇流箱时正负极接反,在运维人员合闸后内部发生短路并引起火灾,整个汇流箱被烧毁。

2. 触电

在运维过程中很多情况下都可能发生触电,无电工证的人员作业、带电操作、未佩戴防护用具操作、设备漏电保护失效、线缆破损、环境湿度高等,都可能增大触电的风险。

(五)极端天气和突发情况危险源识别

光伏电站在全寿命周期内可能会遇到极端天气和突发情况,这会给运维工作带来很大的危险。极端天气和突发情况一方面使施工质量良莠不齐的电站面临很大的挑战,另一方面也考验着运维团队在灾前的防控能力和灾后的处理能力。

1. 自然因素

台风、暴雨、冰雹、雷击、地震等各种极端天气和自然灾害会给光伏电站带来很大冲击。例如,广东、海南等地每年均遭受台风的侵袭,组件被卷走、支架被吹翻、方阵被水浸泡等事故屡见不鲜,有些抗风等级不够的屋顶甚至被吹塌。

2. 人为因素

电站还可能遭受人为突发事件的影响。例如,在佛山某地,工厂的工人违规操作导致厂房突然发生爆炸,连累屋顶的光伏方阵和线缆、地面的逆变器受到大面积的严重损坏,由于光伏发电的特性,在白天无法人为切断电压,因此事后运维人员的灾后处理存在很大的风险。

光伏电站的安全可靠运行是运维工作的关键,而运维过程本身也存在众多容易被忽视的安全隐患。运维人员在工作过程中经常面临人身财产安全受到伤害的风险。分布式光伏发电作为一个快速发展中的行业,在设计、施工、设备质量控制等各个环节中都容易产生漏洞,运维工作应该多管齐下,加强管理,防患于未然,才能减少工作中的安全风险。

⚙ 任务实施

需求工具如下:安全帽、安全带、梯子、脚扣、绝缘手套、绝缘靴、安全围栏、安全标示牌等。

1. 安全帽

安全帽如图 3-1-8 所示。普通安全帽是一种用来保护工作人员头部,使头部免受外力冲击伤害的帽子。高压近电报警安全帽是一种带有高压近电报警功能的安全帽,一般由普通安全帽和高压近电报警器组合而成。

安全帽的使用期从产品制造完成之日起计算。植物枝条编织帽的使用期不超过两年,塑料帽、纸胶帽的使用期不超过两年半,玻璃钢(维纶钢)橡胶帽的使用期不超过三年半。使用安全帽前应进行外观检查,检查安全帽的帽壳、帽箍、顶衬、下颚带、后扣(或帽箍扣)等部件是否完好无损,帽壳与顶衬缓冲距离应为 25～50 mm。安全帽戴好后,应将后扣拧到合适位置(或将帽箍扣调整到合适的位置),锁好下颚带,防止工作中前倾后仰或其他原因造成滑落。

图 3-1-8　安全帽

高压近电报警安全帽使用前应检查其音响部分是否良好,但不得作为无电的依据。

2. 安全带

安全带如图 3-1-9 所示。安全带是预防高处作业人员坠落伤亡的个人防护用品,由腰带、保险带、围杆带、金属配件、安全绳等组成。安全绳是安全带上面用于保护人体不坠落的系绳。

图 3-1-9　安全带

安全带使用期一般为3～5年,发现异常应提前报废。安全带的腰带和保险带、安全绳应有足够的机械强度,材质应有耐磨性,卡环(或钩)应具有保险装置。保险带、安全绳使用长度为3 m以上时应加缓冲器。

3. 梯子

梯子是用木料、竹料、绝缘材料、铝合金等材料制作的登高作业的工具,如图3-1-10所示。

4. 脚扣

脚扣是用钢或合金材料制作的攀登电杆的工具,如图3-1-11所示。

正式登杆前应在杆根处用力试登,判断脚扣是否有变形和损伤。登杆前应将脚扣登板的皮带系牢,登杆过程中应根据杆径大小随时调

图3-1-10　梯子

整脚扣尺寸。特殊天气使用脚扣时,应采取防滑措施。严禁从高处往下扔摔脚扣。

5. 绝缘手套

绝缘手套是用特种橡胶制成的、起电气绝缘作用的手套,如图3-1-12所示。绝缘手套在使用前必须进行充气检验,有任何破损都不能使用。进行外观检查时如发现有发黏、裂纹、破口(漏气)、气泡、发脆等损坏现象时禁止使用。进行设备验电、倒闸操作、装拆接地线等工作时应戴绝缘手套。使用绝缘手套时

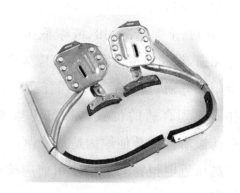

图3-1-11　脚扣

应将上衣袖口套入手套筒口内,以防发生意外。使用后,应将内外污物擦洗干净,待干燥后,撒上滑石粉放置平整,以防受压受损,且勿放于地上。

6. 绝缘靴

绝缘靴是由特种橡胶制成的,用于人体与地面绝缘的鞋子,如图3-1-13所示。绝缘靴使用前应对其进行检查,不得有外伤,无裂纹、漏洞、气泡、毛刺、划

痕等缺陷。如发现有以上缺陷,应立即停止使用并及时更换。

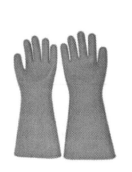

图 3 - 1 - 12　绝缘手套　　　　　图 3 - 1 - 13　绝缘靴

7. 安全围栏

安全围栏如图 3 - 1 - 14 所示。安全围栏是指通常情况下为了进行围护、隔离、隔挡所采取的措施。

8. 安全标示牌

安全标示牌包括各种安全警告牌、设备标示牌等。安全标示牌如图 3 - 1 - 15所示。

图 3 - 1 - 14　安全围栏

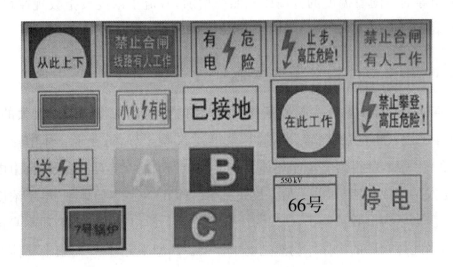

图 3 - 1 - 15　安全标示牌

任务二　光伏组件的连接与测试

🔔 任务描述

用户在安装光伏发电设备时会有不同的电压、电流需求，很多时候不能用一块光伏电池板来满足用户的需求，这就需要将若干块光伏组件进行串并联连接。

💎 相关知识

一、本征半导体

完全不含杂质且无晶格缺陷的纯净半导体称为本征半导体（intrinsic semiconductor）。实际上半导体不会绝对地纯净，本征半导体一般是指导电主要由材料的本征激发决定的纯净半导体。在绝对零度温度下，半导体的价带（valence band）是满带，受到光电注入或热激发后，价带中的部分电子会越过禁带（forbidden band）进入能量较高的空带，空带中存在电子后成为导带（conduction band）。价带中缺少一个电子后形成一个带正电的空位，称为空穴（hole）。导带中的电子和价带中的空穴合称为电子-空穴对。上述产生的电子和空穴均能自由移动，成为自由载流子（free carrier），它们在外电场作用下产生定向运动而形成宏观电流，分别称为电子导电和空穴导电。在本征半导体中，这两种载流子的浓度是相等的。随着温度的升高或光照的增加，载流子浓度按指数规律增长，导电性能增加。

二、P 型半导体和 N 型半导体

在本征半导体中掺入少量的杂质，半导体的导电性能将会得到大大的改善。在半导体中掺入施主杂质（磷、砷、锑），就得到 N 型半导体；在半导体中掺入受主杂质（硼、铝、镓），就得到 P 型半导体。在 P 型半导体中，空穴占多数，自由电子占少数，空穴是多数载流子，电子是少数载流子。而在 N 型半导体中，电子浓度高于空穴浓度，电子为多数载流子，空穴为少数载流子。但由于掺杂的杂质本身也是电中性的，因此掺杂后的半导体仍然是电中性的。P 型半导体和 N 型半导体掺杂的杂质本身是电中性的，因此掺杂后的半导体正、负电荷数量是相等的，掺杂后的半导体仍然是电中性的。P 型半导体和 N 型半导体如图 3-2-1 所示。

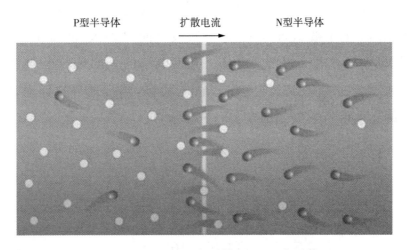

P型半导体　　扩散电流　　N型半导体

图 3-2-1　P 型半导体和 N 型半导体

三、PN 结

采用不同的掺杂工艺,把 P 型半导体与 N 型半导体结合在一起,电子或空穴将发生扩散运动,从高浓度区向低浓度区移动,从而在交界面处形成 PN 结(PN junction),并在结的两边形成势垒电场,使得电子或空穴的扩散运动达到平衡状态。PN 结的形成如图 3-2-2 所示。

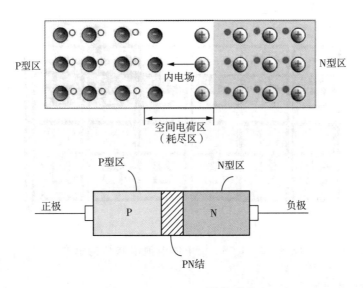

图 3-2-2　PN 结的形成

四、光伏组件工作原理

光伏组件能量转换的基础是半导体 PN 结的光生伏特效应。当太阳光照射

PN 结时,半导体内的原子由于获得了光能而释放电子,产生电子-空穴对;在势垒电场的作用下,电子被驱向 N 型区,空穴被驱向 P 型区,从而在 PN 结的附近形成与势垒电场方向相反的光生电场。光生电场的一部分使得 N 型区与 P 型区之间的薄层产生了电动势,即光生伏特电动势,当接通外电路时便有电能输出。PN 结的光生伏特效应如图 3-2-3 所示。

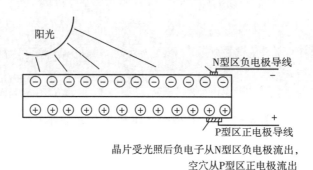

图 3-2-3 PN 结的光生伏特效应

五、光伏组件的串并联连接

光伏单体组件通过串并联可增大电池方阵的电压与电流。图 3-2-4 为 12 块单体电池串联结构示意。

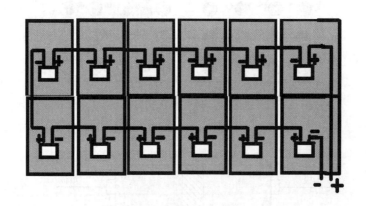

图 3-2-4 12 块单体电池串联结构示意

🧠 任务实施

一、需求工具

工具明细见表 3-2-1 所列。

表 3 - 2 - 1 工具明细

序号	元件名称	规格	数量
1	光伏组件	12 V/20 W	4 块
2	钳形数字万用表	UT203	1 块
3	工具包	—	1 套
4	光伏单轴发电平台	—	1 套

二、操作步骤

① 取一块光伏组件,观察其结构,了解光伏组件的安装及结构。

② 将一块光伏组件移动至室外,让光伏组件正对着自然光线(太阳光对光伏组件垂直照射)。

③ 使光伏组件正负极开路,将钳形数字万用表切换至直流电压挡,测量光伏组件的电压,记录开路电压数值。任务操作内容 1 见表 3 - 1 - 2 所列。将光伏组件的正负极直接连接,并使钳形数字万用表切换至电流挡,测量光伏组件短路时的电流,记录短路电流数值。尝试改变光伏组件角度,重新测量光伏组件输出特性并将数值填入表 3 - 2 - 2 中。

表 3 - 2 - 2 任务操作内容 1

倾斜角度	开路电压/V	短路电流/A

④ 取 4 块光伏组件,将其牢固地安装在光伏单轴发电平台上,并调整光伏组件倾斜角度,使之正对着日照模拟系统。

⑤ 安装完成后,将光伏组件采用两串两并的方式进行连接。两串两并连接方法如图 3 - 2 - 5 所示。打开日照模拟系统,将钳形数字万用表切换至直流电压挡,测量光伏组件断开时的电压,记录开路电压数值。将钳形数字万用表切换至电流挡测量光伏组件短路时的电流,记录短路电流数值。尝试改变日照模拟系统光照度大小,重新测量光伏组件输出特性并将数值填入表 3 - 2 - 3 中,完成任务操作内容 2。

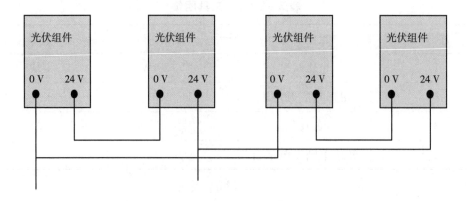

图 3-2-5　两串两并连接方法

表 3-2-3　任务操作内容 2

光照情况	开路电压/V	短路电流/A

⑥ 完成任务操作内容 1、任务操作内容 2 后,对比记录数据,分析光伏组件串并联后,光伏组件输出性能的变化。

任务三　离网光伏工程直流系统搭建与测试

🔔 任务描述

　　通过对本任务的学习,完成光伏组件、直流电压电流组合表 1 与光伏控制器线路的连接;完成光伏控制器与蓄电池线路的连接;完成光伏控制器、直流电压电流组合表 2 与直流负载线路的连接等。

💠 相关知识

一、离网光伏工程直流系统结构

　　离网光伏工程直流系统一般为离网光伏发电系统(光伏系统不产生交流电能,且不并入电网)。离网光伏工程直流系统结构如图 3-3-1 所示,主要包括光伏板组件、控制器、蓄电池和直流负载。太阳能光伏发电的核心部件是光伏板组件,它将太阳光的光能直接转换成电能,并通过控制器把光伏板组件产生的电能存储于蓄电池中;当负载用电时,蓄电池中的电能通过控制器合理地分配到各个负载上。光伏板组件所产生的电流为直流电,可以直接以直流电的形式应用。

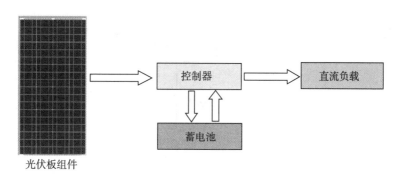

图 3 - 3 - 1 离网光伏工程直流系统结构

二、各部件功能

1. 控制器

控制器是用于太阳能发电系统中,控制多路太阳能电池方阵对蓄电池充电以及蓄电池给太阳能逆变器负载供电的自动控制设备。

控制器具有 MPPT(最大功率点跟踪)功能,能够实时侦测光伏组件的发电电压,并追踪最高电压电流值(VI),使系统以最大功率对蓄电池充电。控制器被应用于分布式光伏工程系统中,使光伏板能够输出更多电能并将光伏组件发出的直流电有效地贮存在蓄电池中。

2. 蓄电池

蓄电池(storage battery)是将化学能直接转化成电能的一种装置,是按可再充电设计的电池,可通过可逆的化学反应实现再充电。蓄电池是指铅酸蓄电池,它是电池中的一种,属于二次电池。它的工作原理:充电时利用外部的电能使内部活性物质再生,把电能储存为化学能,需要放电时再次把化学能转换为电能输出。

三、体系结构图

离网光伏工程直流系统如图 3 - 3 - 2 所示。单轴光伏供电系统通过空气开关 1(QF1)连接到光伏控制器的输入端;蓄电池通过空气开关 2(QF2)连接到光伏控制器蓄电池输入端;负载"红灯""黄灯""绿灯""蜂鸣器"并联,与光伏控制器输出端连接。直流电压电流组合表 1 测量单轴光伏供电电源的电量,直流电压电流组合表 2 测量光伏控制器输出的直流电量。当控制器的输入端(光伏、蓄电池)导通时,光伏控制器开始工作;当负载继电器导通时,负载开始工作。

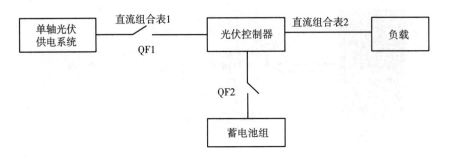

图 3-3-2　离网光伏工程直流系统

❂ 任务实施

一、需求工具

工具明细见表 3-3-1 所列。

表 3-3-1　工具明细

序号	元件名称	规格	数量
1	光伏组件	12 V/20 W	4 块
2	钳形数字万用表	UT203	1 块
3	工具包	—	1 套
4	蓄电池	12 V	2 块
5	直流电压电流组合表	24 V	2 块
6	光伏控制器	12 V/24 V	1 只

二、操作步骤

① 根据离网光伏工程直流系统图,将光伏组件两串两并后接入空气开关 1,再从空气开关 1 出线至直流电压电流组合表 1。从直流电压电流组合表 1 出线至光伏控制器光伏组件输入端。接触器 1 连接如图 3-3-3 所示。

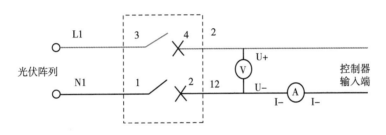

图 3-3-3　接触器 1 连接

② 将蓄电池（BAT）串联后接入空气开关 2，再从空气开关 2 出线至光伏控制器蓄电池输入端。蓄电池的连接如图 3-3-4 所示。

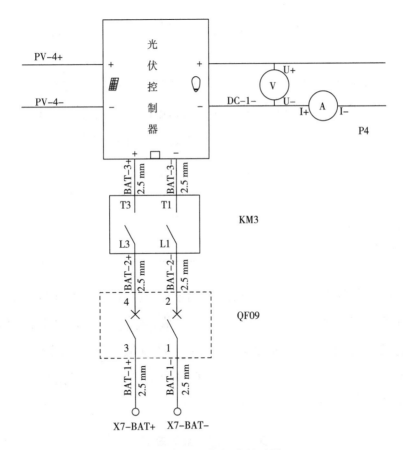

图 3-3-4　蓄电池的连接

③ 从光伏控制器输出端出线至直流电压电流组合表 2，从直流电压电流组合表 2 出线至直流负载的红色灯光接线端。

④ 完成两块直流电压电流组合表的电源接线。直流负载的连接如图 3-3-5 所示。

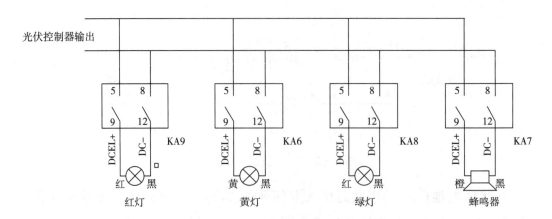

图 3 - 3 - 5　直流负载的连接

⑤ 打开空气开关 2,使光伏控制器正常工作,记录光伏控制器上显示的蓄电池电压。

⑥ 打开光伏单轴发电平台的日照模拟系统,让光伏组件正常发电;打开空气开关 1,使光伏组件给蓄电池充电。观察直流电压电流组合表 1 的数值及蓄电池当前数值,或使用钳形数字万用表直接测量数值并记录在表 3 - 3 - 2 中。

表 3 - 3 - 2　数据表 1

	电压	电流	光照强度
蓄电池正常待机			
蓄电池充电时			

按下光伏控制器"SET"键,使光伏控制器输出,直流负载红灯常亮。观察直流电压电流组合表 2 的数值及蓄电池当前数值,或使用钳形数字万用表直接测量数值并记录。关闭光伏单轴发电平台的日照模拟系统,关闭空气开关 1。观察直流电压电流组合表 2 的数值及蓄电池当前数值,或使用钳形数字万用表直接测量数值并记录在表 3 - 3 - 3 中。

表 3 - 3 - 3　数据表 2

光照度	电压	电流
组件接入时光伏控制器输出		
组件不接入时光伏控制器输出		

调节日照模拟系统的光照度大小,观察直流电压电流组合表 1 的数值及蓄电池当前数值,或使用钳形数字万用表直接测量数值并记录在表 3 - 3 - 4 中。

表 3-3-4 数据表3

光照度	电压	电流

注意:①光伏控制器除了具有保护蓄电池和管理蓄电池的充电模式外,还有一项功能,就是防止反充,即防止蓄电池向太阳能组件充电。当阳光辐照很弱,或夜间时,光伏组件输出功率很低,电压较低或夜间电压为零。若光伏组件电压低于蓄电池电压,在没有控制器的情况下,蓄电池会向太阳能组件充电。虽然太阳能组件可以在一段时间内承受外部给它的电流,但若长此以往,光伏组件会加速老化,若太阳能组件质量不佳,可能会出现热灼伤、烧坏现象。

② 控制器的电路自身损耗也是其主要技术参数之一,也叫空载损耗(静态电流)或最大电路自消耗电流。为了降低控制器的损耗,提高光伏电源的转换效率,控制器的电路自身损耗要尽可能低。控制器的最大电路自身损耗不得超过其额定充电电流的 1% 或 $0.4\,W$。根据电路不同,控制器的电路自身损耗一般为 $5\sim20\,mA$。

③ 蓄电池的充电浮充电压一般为 $13.7\,V(12\,V$ 系统)、$27.4\,V(24\,V$ 系统)。

任务四　离网光伏工程交流系统搭建与测试

任务描述

本任务要完成离网光伏工程交流系统的连接,包括光伏组件与光伏控制器线路的连接;完成光伏控制器与蓄电池充放电线路的连接;完成光伏控制器与离网逆变器的连接;完成离网逆变器与交流负载的连接;完成功能所规定的直流电压电流组合表、交流电压电流组合表、空气开关等部件的连接。本任务要求光伏单轴发电平台、光伏控制器、智能离网微逆变系统、智能仪表、继电器接线正确;接线时选择合适的线径、颜色,做线工艺参照国标,端子露铜不得超过限值;操作时,严格遵循操作规范。智能离网微逆变系统上电顺序:先上 $24\,V$ 信号电源,再上功率源电源。关电顺序反之。

◈ 相关知识

一、离网光伏工程交流系统结构

离网光伏工程交流系统为离网光伏发电系统（因为光伏系统产生的交流电能不并入电网）中的一种模式。离网光伏工程交流系统主要包括光伏板组件、光伏控制器、蓄电池、离网逆变器和交流负载。太阳能光伏发电的核心部件是光伏板组件，它将太阳光的光能直接转换成电能，并通过控制器把产生的电能存储于蓄电池中；逆变器将其转换成为交流电，供交流负载使用。与离网光伏工程直流系统相比，离网光伏工程交流系统多了一个交流逆变器，用以把直流电转换成交流电，为交流负载提供电能。离网光伏工程交流系统结构如图 3-4-1 所示。

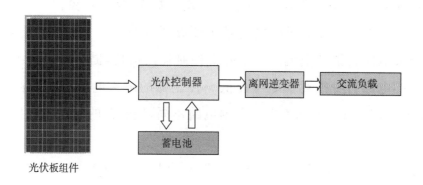

图 3-4-1 离网光伏工程交流系统结构

二、系统设备

1. 智能离网微逆变系统

智能离网微逆变系统将直流电能转换成交流电能。它是一款总功率为 240 W 的功率变换装置，能将光伏组件的输出能量转换为 220 V 交流电，其最大效率大于 86%。它主要由逆变桥、控制逻辑和滤波电路组成。将直流 24 V 电压升至 400 V 直流电，再经过逆变桥 SPWM（正弦脉宽调制）技术逆变成 220 V/50 Hz 交流电。

2. 交流负载

交流负载的主要部件是交流电动机。其工作原理：通电线圈在磁场中受力而转动。能量的转化形式：电能主要转化为机械能，同时由于线圈有电阻，所以有一部分电能不可避免地要转化为热能。

三、体系结构图

离网光伏工程交流系统如图3-4-2所示。单轴光伏供电系统通过空气开关1(QF1)连接到光伏控制器的输入端,蓄电池组通过空气开关2(QF2)连接到光伏控制器输入端,光伏控制器通过空气开关3(QF3)与离网逆变器连接,离网逆变器输出端连接到"交流灯"和"交流风扇"灯交流负载上。直流电压电流组合表1测量单轴光伏供电电源的电量,直流电压电流组合表2测量光伏控制器输出的直流电量,交流电压电流组合表1测量离网逆变器输出电能。

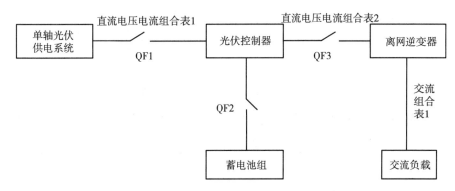

图3-4-2　离网光伏工程交流系统

🔧 任务实施

一、需求工具

工具明细见表3-4-1所列。

表3-4-1　工具明细

序号	元件名称	规格	数量
1	光伏组件	12 V/20 W	4块
2	钳形数字万用表	UT203	1块
3	工具包	—	1套
4	蓄电池	12 V	2块
5	直流电压电流组合表	24 V供电	2块
6	交流电压电流组合表	24 V供电	1块
7	光伏控制器	12 V/24 V	1只
8	智能离网微逆变系统	240 W	1套
9	开关电源	24 V	1只
10	空气开关	16 A	4个

二、操作步骤

① 根据离网光伏工程交流系统图,将光伏组件两串两并后接入空气开关 1,从空气开关 1 出线至直流电压电流组合表 1,再从直流电压电流组合表 1 出线至光伏控制器光伏组件输入端。空气开关 1 的连接如图 3-4-3 所示,注意电表电源线的连接。

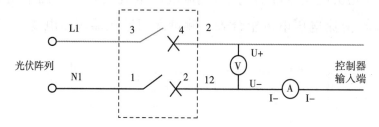

图 3-4-3　空气开关 1 的连接

② 将蓄电池(BAT)串联后接入空气开关 2,再从空气开关 2 出线至光伏控制器输入端。光伏控制器蓄电池接线图如图 3-4-4 所示。

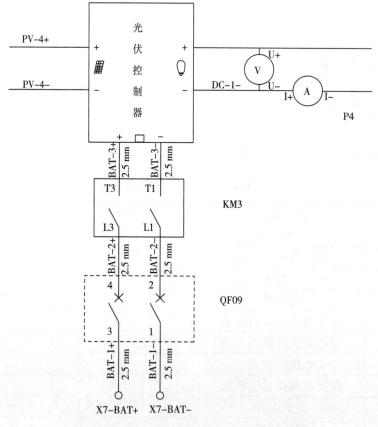

图 3-4-4　光伏控制器蓄电池接线图

③ 从光伏控制器输出端出线至直流电压电流组合表2,再从直流电压电流组合表2出线至直流负载的红色灯光接线端。

④ 进行光伏控制器输出端与空气开关3的连接,可参考步骤①内容。

⑤ 进行光伏控制器输出端与离网逆变器输入端的连接,完成离网逆变器工作电源的连接,完成离网逆变器工作控制开关的连接。离网逆变器的连接如图3-4-5所示。

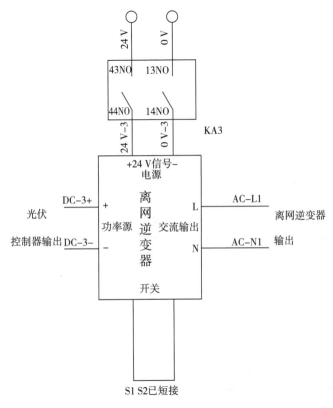

图3-4-5 离网逆变器的连接

⑥ 进行离网逆变器输出端与交流负载的连接,进行交流电压电流组合表1电压、电流测量端接线的连接。交流负载及交流电压电流组合表连接如图3-4-6所示。注意电表电源线的连接。

⑦ 打开空气开关1、空气开关2,使光伏控制器正常工作,打开光伏单轴发电平台的日照模拟系统,让光伏组件正常发电;打开空气开关3使智能离网微逆变系统导入工作。

⑧ 按下光伏控制器"SET"键,使光伏控制器输出,智能离网微逆变系统功率源输入端得电,交流负载工作。观察交流电压电流组合表1和直流电压电流组合表2的数值,或使用钳形数字万用表直接测量并将数值记录在表

3－4－2中。

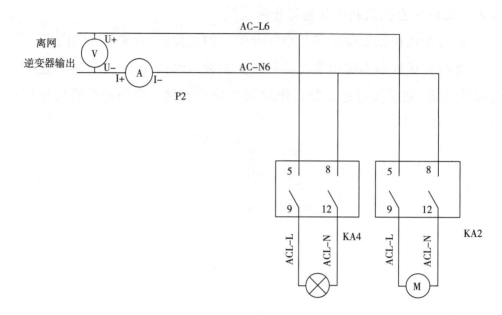

图 3－4－6　交流负载及交流电压电流组合表连接

表 3－4－2　数据测量表

输入电压/V	输入电流/A	输出电压/V	输出电流/A

注意:逆变器在工作时其本身也要消耗一部分电力,因此,它的输入功率要大于它的输出功率。逆变器的效率即逆变器输出功率与输入功率之比。例如,一台逆变器输入了 100 W 的直流电,输出了 90 W 的交流电,那么,它的效率就是 90%。

任务五　分布式光伏发电实训并网系统搭建与测试

📢 任务描述

　　本任务是完成分布式光伏发电实训并网系统单轴光伏供电系统的安装与连接,完成直流可调稳压电源的接入,完成单轴供电模块与并网逆变器的连接,完成并网逆变器与单相电能表、交流负载的连接,完成市电接入及电能导入与导出的测量,完成功能所规定的直流电压电流组合表、交流电压电流组合表、空气开关等部件的连接。本任务要求单轴光伏发电平台、并网逆变器、智能仪表等接线正确;接线时选择合适的线径、颜色,做线工艺参照国标,端子露铜不得超过限值。操作时,严格遵循操作规范。

💎 相关知识

一、分布式光伏发电实训并网系统结构

　　分布式光伏发电实训并网系统由单轴光伏供电系统、并网逆变器、交流负载、单相电能表、双向电能表、隔离变压器、市电及空气开关组成。分布式光伏发电实训并网系统结构如图 3-5-1 所示。单轴光伏供电系统通过空气开关 1 与并网逆变器连接;并网逆变器与单相电能表连接;单相电能表与交流负载连接,同时与双向电能表连接;市电通过空气开关 2 与隔离变压器连接;隔离变压器再与双向电能表连接。当单轴光伏供电系统电能足够时,其通过并网逆变器产生交流电能为负载供电,同时将多余的电能反馈给市电网络;当单轴光伏供电系统

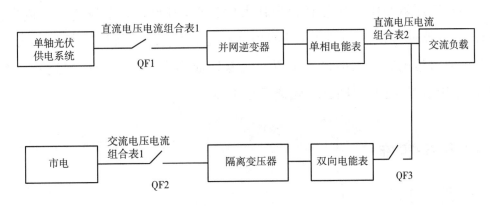

图 3-5-1　分布式光伏发电实训并网系统结构

电能不足时,市电输出交流电能,和并网逆变器共同为负载提供交流电能。同时,直流电压电流组合表 1 测量光伏组件输出电压和电流;交流电压电流组合表 1 测量市电流进电压与电流;交流电压电流组合表 2 测量交流负载用电;单相电能表测量并网逆变器输出电能;双向电能表测量市电导入与导出;单轴光伏供电系统接入并网逆变器由空气开关控制;交流负载电能的导入与断开由空气开关控制;交流市电的导入由空气开关控制。

二、系统设备

1. 并网逆变器

并网逆变器集多重保护功能、超高开关频率技术于一体,具有设计轻便、安装简易、功率范围广(700～3600 W)等优势,甚至达到 IP65 户外型保护级别。其最大效率大于 97%,具有极低的启动电压、精确的 MPPT 算法和可控的 MW 逆变器技术,支持 RS485、Wi-Fi、GPRS 等多种通信手段。通过可调直流稳压电源的输入,在市电接入的情况下,并网逆变器能全自动追踪市电的电压、相位、频率并将电能转化为与电网同频、同相的正弦波电流,并馈入电网,实现自主并网功能。并网逆变器的运行信息和各种故障信息等采用 RS485、Wi-Fi、GPRS 等多种通信手段上传至分布式光伏运维软件,可靠、安全、高效地实现并网发电功能。

2. 隔离变压器

隔离变压器用以避免偶然同时触及带电体。隔离变压器的隔离是隔离原、副边绕线圈各自的电流,使一次侧与二次侧的电气完全绝缘,也使该回路隔离。另外,隔离变压器利用其铁芯高频损耗大的特点,抑制高频杂波传入控制回路。用隔离变压器使二次对地悬浮,只能用在供电范围较小、线路较短的场合。此时,系统的对地电容电流小得不足以对人身造成伤害。隔离变压器还有一个很重要的作用就是保护人身安全,隔离危险电压。

⚙ 任务实施

一、需求工具

工具明细见表 3 - 5 - 1 所列。

表 3-5-1 工具明细

序号	元件名称	规格	数量
1	钳形数字万用表	UT203	1 块
2	工具包		1 套
3	直流电压电流组合表	24 V 供电	1 块
4	单相电能表		1 块
5	隔离变压器	1000 VA	1 只
6	并网逆变器	700 W	1 套
7	可调直流稳压电源	100 V/10 A/100 W	1 只
8	空气开关	16 A	2 个

二、操作步骤

① 在单轴光伏供电系统中,由可调直流稳压电源代替光伏电池电能,为并网逆变器提供输入直流电能;从可调直流稳压电源输出端出线至空气开关 1,从空气开关 1 出线至直流电压电流组合表 1。注意电压测量并联,电流测量串联及电表电源线的连接。

② 电流输出端连接并网逆变器输入端,并网逆变器输出端连接单相电能表。单轴光伏供电系统、电表、逆变器连接如图 3-5-2 所示。

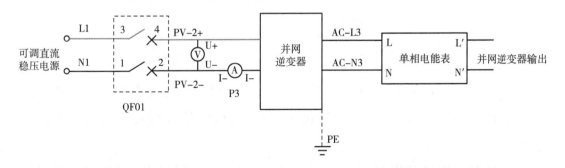

图 3-5-2 单轴光伏供电系统、电表、逆变器连接

③ 单相电能表输出端连接负载,如图 3-5-3 所示.

④ 市电通过交流电压电流组合表 1 与空气开关 2 连接,空气开关与隔离变压器连接。市电接入如图 3-5-4 所示。

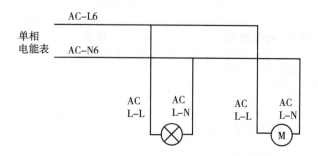

图 3-5-3　单相电能表输出端连接负载

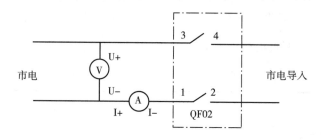

图 3-5-4　市电接入

⑤ 市电导入后,与隔离变压器连接;隔离变压器与双向电能表连接;双向电能表电源连接;双向电能表与 KA10 常开触点连接;空气开关与单相电能表连接。隔离变压器与双向电能表连接如图 3-5-5 所示。

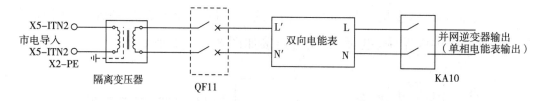

图 3-5-5　隔离变压器与双向电能表连接

⑥ 打开空气开关1、空气开关2、空气开关3,单相电能表得电。并网逆变器进入初始化阶段。并网逆变器初始化完成后,慢慢调整可调直流稳压电源输出电流,使之固定在 7 A。

⑦ 观察并网逆变器窗口是否在正常运行,正常运行后保持 15 min,观察并网逆变器窗口发电量数据及各项电能数据记录并填至表 3-5-2 中。正常运行后保持 30 min,观察并网逆变器窗口发电量数据及各项电能数据记录并填至表 3-5-2 中。

⑧ 断开空气开关2,观察并网逆变器运行状态并分析原因;再打开空气开关

2,观察并网逆变器运行状态并分析原因。

表 3-5-2 数据测量表

输入电压/V	输入电流/A	输出电压/V	输出电流/A	发电量/(kW·h)	运行时间/min

注意事项：

① 该并网逆变器在将直流转变为交流的过程中的最大效率在 97.2% 左右。

② 并网逆变器检测到电网故障时,自动停止向电网供电。当并网逆变器检测到电网恢复时,恢复向电网供电。

任务六 分布式光伏发电离并网系统搭建与测试

🔔 任务描述

本任务要完成分布式光伏发电离网系统连接,包括光伏组件接入光伏控制器线路的连接;完成光伏控制器与蓄电池充放电线路的连接;完成离网逆变器输入、输出的连接;完成分布式光伏发电并网系统连接,包括并网逆变器、双向电能表、单相电能表的连接;完成交流负载的连接;完成功能所规定的直流电压电流组合表、交流电压电流组合表、空气开关等部件的连接。本任务要求光伏单轴发电平台、光伏控制器、蓄电池、智能离网微逆变系统、并网逆变器、智能仪表接线正确;接线时选择合适的线径、颜色,做线工艺参照国标,端子露铜不得超过限值;操作时,严格遵循操作规范。智能离网微逆变系统上电顺序:先上 24 V 信号电源,再上功率源电源。关电顺序反之。

💎 相关知识

一、分布式光伏发电离并网系统组成

在分布式光伏发电实训系统中,当电网断电时,逆变器将停止工作。分布式光伏发电离并网系统可充分利用光伏发电,当市电电网断电时,将切换成离网发电系统继续为负载供电。图 3-6-1 为分布式光伏发电离并网系统组成。系统

由离网交流系统和并网系统组成。当开关 1 处于"K1"的"1"处及开关 2 处于"K2"的"1"处时,构成离网系统;当开关 1 处于"K1"的"2"处及开关 2 处于"K2"的"2"处时,构成并网系统。

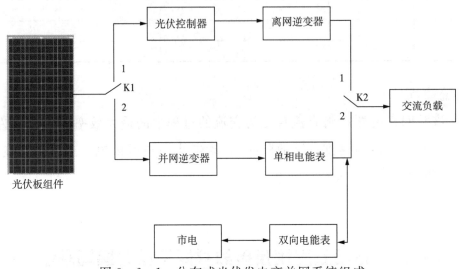

图 3-6-1 分布式光伏发电离并网系统组成

二、体系结构图

分布式光伏发电离并网系统体系结构如图 3-6-2 所示。单轴光伏供电系统通过空气开关 1(QF1)连接到光伏控制器;蓄电池组通过空气开关 2(QF2)连接到光伏控制器;光伏控制器通过空气开关 3(QF3)连接到离网逆变器;单轴光伏供电系统通过空气开关 4(QF4)连接到并网逆变器的输入端;市电通过空气开

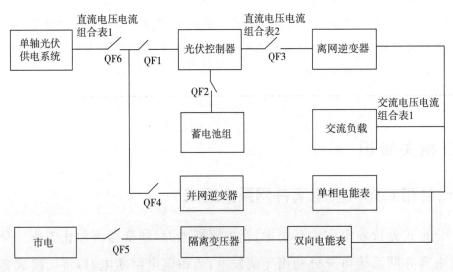

图 3-6-2 分布式光伏发电离并网系统体系结构

关5(QF5)连接到隔离变压器。在分布式光伏发电离并网系统中,QF1、QF2、QF3导通,且 QF4、QF5 截止实现的是离网光伏控制系统;QF1、QF2、QF3 截止,且 QF4、QF5 导通实现的是离网光伏控制系统。

直流电压电流组合表1实现单轴光伏供电系统输出电压、电流的测量,直流电压电流组合表2测量光伏控制器输出电压与电流。交流电压电流组合表1实现市电电压、电流的测量,交流电压电流组合表2实现交流负载电压、电流的测量。单相电能表测量并网逆变器输出电能,双向电能表测量市电导入与导出电能。

🧠 任务实施

一、需求工具

工具明细见表 3-6-1 所列。

表 3-6-1 工具明细

序号	元件名称	规格	数量
1	钳形数字万用表	UT203	1块
2	工具包	—	1套
3	直流电压电流组合表	24 V 供电	2块
4	交流电压电流组合表	24 V 供电	1块
5	单相电能表	—	1块
6	双向电能表	—	1块
7	隔离变压器	1000 VA	1只
8	并网逆变器	700 W	1套
9	智能离网微逆变系统	240 W	1套
10	可调直流稳压电源	100 V/10 A/100 W	1只
11	空气开关	16 A	2个
12	开关按钮盘	—	1个
13	开关电源	24 V	1个
14	继电器	24 V	1个
15	交流负载	—	1个

二、操作步骤

(一)离网系统搭建

① 根据图 3-6-2,光伏阵列电源由可调直流稳压电源代替光伏电池。可

调直流稳压电源连接空气开关6(QF6);空气开关6再通过直流电压电流组合表1,出线至光伏控制器光伏组件输入端。空气开关1的连接如图3-6-3所示。注意电表电源线的连接。

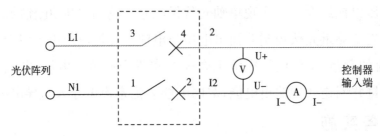

图3-6-3 空气开关1的连接

② 将蓄电池(BAT)串联后接入空气开关2,再从空气开关2出线至光伏控制器蓄电池输入端。蓄电池的连接如图3-6-4所示。

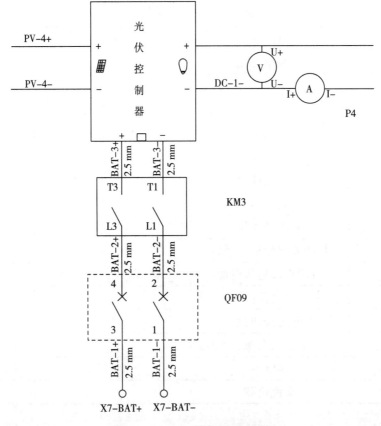

图3-6-4 蓄电池的连接

③ 从光伏控制器输出端出线至直流电压电流组合表2,再从直流电压电流组合表2出线至直流负载的红色灯光接线端(图3-6-4)。注意电表电源线的连接。

④ 进行光伏控制器输出端与空气开关3的连接,可参考步骤①。

⑤ 进行光伏控制器输出端与离网逆变器输入端的连接,完成逆变器工作电源的连接和逆变器工作控制开关的连接。离网逆变器的连接如图 3-6-5 所示。

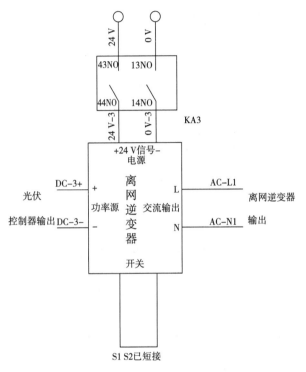

图 3-6-5 离网逆变器的连接

⑥ 进行离网逆变器输出与交流负载的连接,进行交流电压电流组合表 1 电压、电流测量端接线的连接。交流负载及交流电压电流组合表的连接如图 3-6-6 所示。注意电表电源线的连接。

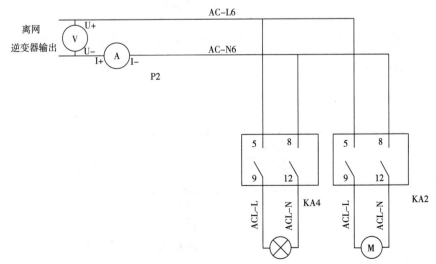

图 3-6-6 交流负载及交流电压电流组合表的连接

(二)并网系统搭建

① 将直流电压电流组合表 1 出线端接入空气开关 4,从空气开关 4 出线至并网逆变器输入端。

② 并网逆变器输出端连接单相电能表。单相电能表、逆变器连接如图 3-6-7 所示。

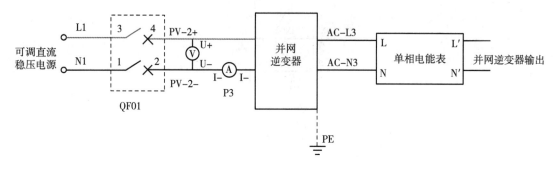

图 3-6-7 单相电能表、逆变器连接

③ 单相电能表输出端连接交流负载。交流负载连接如图 3-6-8 所示。

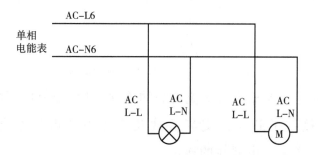

图 3-6-8 交流负载连接

④ 市电通过交流电压电流组合表 2 与空气开关 5 连接,空气开关与隔离变压器连接。市电接入如图 3-6-9 所示。

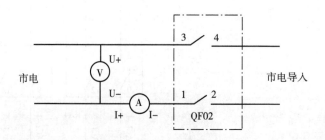

图 3-6-9 市电接入

⑤ 市电导入后,与隔离变压器连接;隔离变压器与双向电能表连接;双向电能表电源与单相电能表连接。隔离变压器与双向电能表连接如图 3 - 6 - 10 所示。

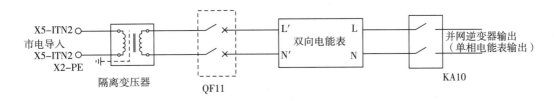

图 3 - 6 - 10　隔离变压器与双向电能表连接

⑥ 完成离网逆变器、单相电能表、双向电能表、直流电压电流组合表、交流电压电流组合表的电源线连接。

(三)离网和并网测试

依次进行离网和并网测试,对比记录数据。测量数据见表 3 - 6 - 2 所列。

表 3 - 6 - 2　测量数据

QF1	QF2	QF3	QF4	QF5	直流电压电流组合表1		直流电压电流组合表2		交流电压电流组合表1		交流电压电流组合表2	
					电压/V	电流/A	电压/V	电流/A	电压/V	电流/A	电压/V	电流/A
通	通	通	断	断								
断	断	断	通	通								

⊙ 项目小结

本项目主要介绍了分布式光伏发电实训系统的基础实训内容,其中包括电工基本技能训练、光伏组件的连接与测试、离网光伏工程直流系统搭建与测试、离网光伏工程交流系统搭建与测试、分布式光伏发电实训并网系统搭建与测试、分布式光伏发电离并网系统搭建与测试等内容。

⊚ 项目训练

1. 触电有哪几种方式?各种触电方式有什么特点?

2. 常见的触电原因是什么?

3. 有 6 块单体光伏组件,每块组件的额定电压是 20 V,额定电流是 0.2 A,

要想得到输出额定电压是 120 V 的电压,应该如何进行连接? 请画出相关示意图。

4. 请画出离网光伏工程直流系统图。

5. 请画出分布式光伏发电离并网系统图。

分布式光伏发电实训系统逻辑控制实训

项目目标

1. 学会分布式光伏发电实训系统逻辑控制与测试；
2. 学会离网光伏工程直流逻辑控制系统的安装与调试；
3. 学会离网光伏工程交流逻辑控制系统的安装与调试；
4. 学会并网光伏工程逻辑控制系统的安装与调试；
5. 学会分布式光伏离并网混合逻辑控制系统的连接与测试。

项目描述

本项目从简单的分布式光伏发电实训系统逻辑控制与测试开始，到最后的分布式光伏离并网混合逻辑控制系统连接与测试，由简单到复杂，层层递进，便于读者学习和技能操作。

任务一　分布式光伏发电实训系统逻辑控制与测试

🔔 任务描述

　　本任务主要讲述分布式光伏发电实训系统逻辑控制与测试,通过学习能正确使用单轴光伏供电平台,调整组件光照倾斜角;能使用钳形数字万用表测量光伏组件的工作电压、工作电流、开路电压、短路电流等电能状态;能使用钳形数字万用表测量倾斜角不同的光伏组件的电能状态;能进行组件串并联,并测量组件方阵的电能状态;能使用 PLC 对继电器、接触器进行控制。通过按键 K1,控制单轴供电系统与离网光伏工程直流系统中的光伏控制器的导入与断开。即在离网光伏工程直流系统中,按一次 K1 按键,光伏控制器输入电能导入;再按一次 K1 按键,光伏控制器输入截止。

◈ 相关知识

　　本案例基于前述离网光伏工程直流系统,在单轴光伏供电平台与光伏控制器输入端添加一个接触器 KM1;同时接触器的导入与导出由按键 1 和 PLC 控制。系统结构如图 4-1-1 所示。

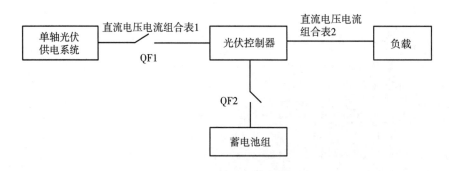

图 4-1-1　系统结构

　　当空气开关 QF1、QF2 闭合时,按键 1 有效 1 次,KM1 闭合,光伏电能导入;按键 1 再有效 1 次,KM1 断开,光伏电能截止导入,依次类推。

⚙ 任务实施

一、需求工具

工具明细见表 4-1-1 所列。

表 4-1-1　工具明细

序号	元件名称	规格	数量
1	光伏组件	12 V/20 W	4 块
2	钳形数字万用表	UT203	1 块
3	工具包	—	1 套
4	空气开关	16 A	2 个
5	继电器	24 V 供电	1 个
6	三菱	FX50-64MR-E PLC	1 台

二、操作步骤

① 根据离网光伏工程直流系统图,将光伏组件两串两并后接入空气开关 1,再从空气开关 1 出线至直流电压电流组合表 1。从直流电压电流组合表 1 出线至接触器 KM1,将接触器连接至光伏控制器输入端。接触器连接如图 4-1-2所示。注意电表的接线方式:电压端并联连接,电流端串联连接。

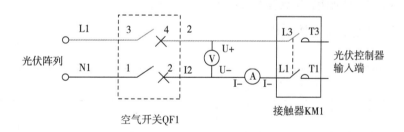

图 4-1-2　接触器连接

② 将蓄电池(BAT)串联后接入空气开关 2,再从空气开关 2 出线至光伏控制器蓄电池输入端。蓄电池连接如图 4-1-3 所示。

③ 从光伏控制器输出端出线至直流电压电流组合表 2,再从直流电压电流组合表 2 出线至直流负载的红色灯光接线端。注意电表的接线方式:电压端并联连接,电流端串联连接。

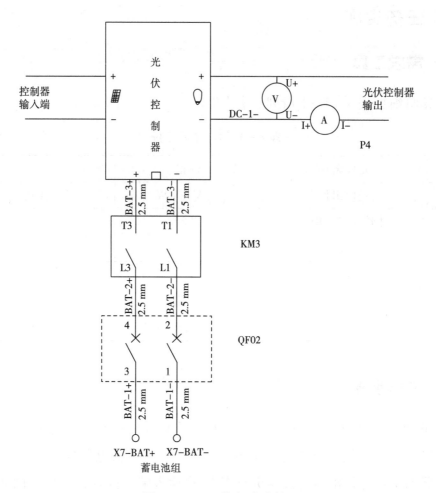

图 4-1-3　蓄电池连接

④ 完成两块直流电压电流组合表的电源接线。

⑤ 完成直流负载连接(图 4-1-4)。

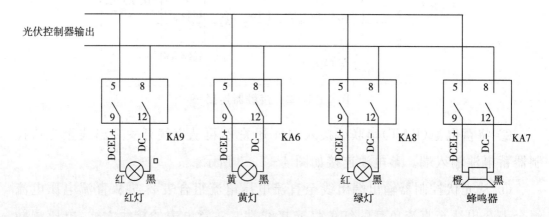

图 4-1-4　直流负载连接

⑥ PLC 的输入端:将按钮盘的 COM 端接入 PLC 的 COM 端,将 K1 按钮接线到 PLC 的 X0 端口。PLC 输入端接线原理如图 4-1-5 所示。

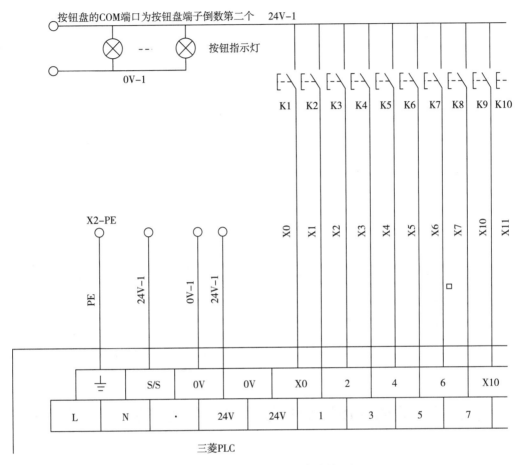

图 4-1-5 PLC 输入端接线原理

⑦ PLC 输出端:将继电器的线圈输入的 13 端、14 端接到 PLC 的输出端 0 V 和 Y0 端口,用来控制继电器的吸合或者释放。

⑧ PLC 的供电接线:将市电连接到 PLC 上的 L 端口、N 端口。再按一次 K1,光伏控制器输入截止(Y0)。

⑨ 编写 PLC 程序。在离网光伏工程直流系统中,按一次 K1(X0)按键,光伏控制器输入电能导入(Y0);再按一次 K1,光伏控制器输入截止(Y0)。梯形图如图 4-1-6 所示。

⑩ 连接计算机与 PLC 数据线;启动 PLC 电源,将 PLC 程序下载到 PLC 中。

⑪ 打开空气开关 1、空气开关 2,打开光伏单轴发电平台的日照模拟系统让光伏组件正常发电,使用钳形数字万用表直接测量数值并记录在表 4-1-2 中。

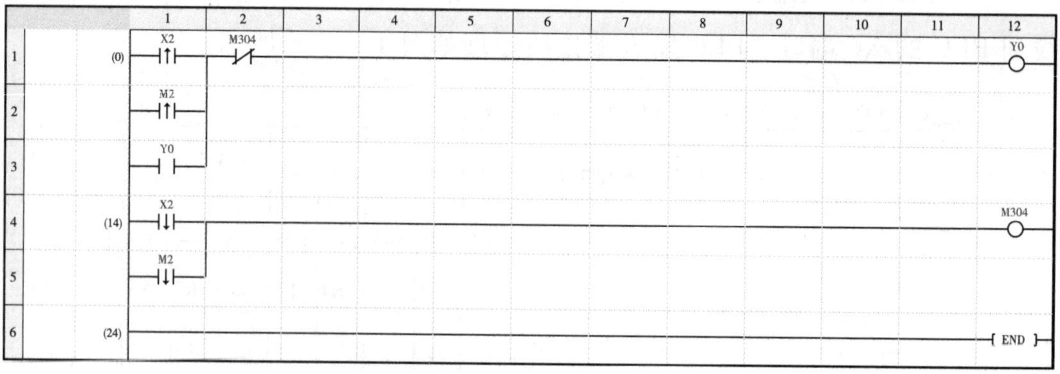

图 4-1-6　梯形图

表 4-1-2　测量数据

序号	按键	直流电压电流组合表 1		直流电压电流组合表 2	
		电压/V	电流/A	电压/V	电流/A
1	第 1 次				
2	第 2 次				
3	第 3 次				

任务二　离网光伏工程直流逻辑控制系统的安装与调试

🔔 任务描述

　　本任务主要是学习离网光伏工程直流逻辑控制系统的组成;完成离网光伏工程直流逻辑控制系统的安装与接线;学习 PLC 对多个继电器的控制方法;学习 PLC 控制技术及按钮控制继电器的方法;学习离网光伏工程直流逻辑控制系统 PLC 编程技术。

💎 相关知识

一、离网光伏工程直流逻辑控制系统结构

　　离网光伏工程直流逻辑控制系统结构如图 4-2-1 所示。单轴光伏供电系统中光伏阵列和可调直流电源由接触器 KM1 选择控制;KM1 到光伏控制器的通断由接触器 KM2 控制;蓄电池组与光伏控制器的连接受接触器 KM3 控制,各直流负载分别受继电器 KA1、KA2、KA3、KA4 控制。

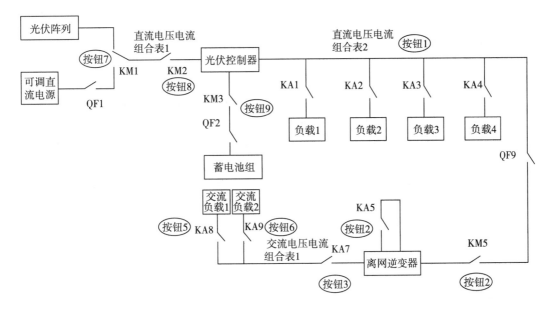

图 4-2-1 离网光伏工程直流逻辑控制系统结构

二、继电器

继电器(relay)是一种电控制器件,是当输入量(激励量)的变化达到规定要求时,在电气输出电路中使被控量发生预定的阶跃变化的一种电器。继电器一般由电磁铁、弹簧、电气触头等组成。通常继电器被应用于自动化的控制电路中,它实际上是用小电流去控制大电流运作的一种"自动开关"。故继电器在电路中起着自动调节、安全保护、转换电路等的作用。

三、接触器

当接触器线圈通电后,线圈电流会产生磁场,接触器产生的磁场使静铁芯产生电磁吸力吸引动铁芯,并带动交流接触器点动作,常闭触点断开,常开触点闭合,两者是联动的。当线圈断电时,电磁吸力消失,衔铁在释放弹簧的作用下释放,使触点复原,常开触点断开,常闭触点闭合。

四、逻辑控制器说明

在离网光伏工程直流逻辑控制系统中,拟通过按键、PLC、继电器和接触器实现表 4-2-1 所列逻辑控制功能。

表 4 - 2 - 1　逻辑控制功能

按键号	功能
按钮 1	按一次按钮 1,KA1 吸合;再按一次按钮 1,KA2 吸合、KA1 断开;再按一次按钮 1,KA3 吸合、KA2 断开;再按一次按钮 1,KA4 吸合、KA3 断开;再按一次按钮 1,KA4 断开,并依次循环
按钮 7	按下按钮 7,KM1 吸合;再按按钮 7,KM1 断开。KM1 吸合时可调直流稳压电源接入,KM1 断开时光伏单轴接入
按钮 8	按下按钮 8,KM2 吸合;再按按钮 8,KM2 断开。KM2 吸合时光伏控制器的组件输入得电,为蓄电池充电
按钮 9	按下按钮 9,KM3 吸合;再按按钮 9,KM3 断开。KM3 吸合时蓄电池接入,为光伏控制器供电,光伏控制器正常工作

⚙ 任务实施

一、需求工具

工具明细见表 4 - 2 - 2 所列。

表 4 - 2 - 2　工具明细

序号	元件名称	规格	数量
1	光伏组件	12 V/20 W	4 块
2	钳形数字万用表	UT203	1 块
3	工具包	—	1 套
4	蓄电池	12 V	2 块
5	直流电压电流组合表	12 V 供电	2 块
6	光伏控制器	12 V/24 V	1 只
7	空气开关	16 A	3 个
8	三菱	PLC FX5U - 64MR/ES	1 只
9	开关按钮盘	12 个开关	1 个
10	继电器	24 V 供电	1 个
11	接触器	24 V 供电	2 个
12	直流灯	24 V 供电	1 个

二、操作步骤

① 光伏阵列(正极、负极)分别与继电器 KM1 的 31NC、21NC 连接;可调电源通过空气开关与接触器 KM1 的 L3 和 L1 连接;接触器与直流电压电流组合表 1 进行电压、电流测量及线路连接(注意电表的接线方式:电压端并联连接,电流端串联连接);直流电压电流组合表 1 与接触器 KM2 连接。离网光伏工程直流逻辑控制系统连接方式如图 4 - 2 - 2 所示。

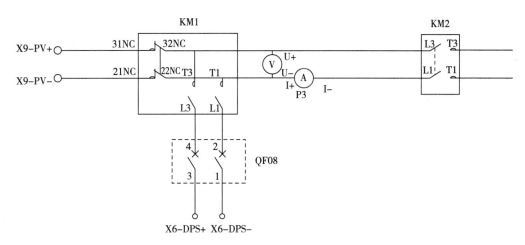

图 4-2-2　离网光伏工程直流逻辑控制系统连接方式

② 光伏阵列（正极、负极）分别与继电器 KM1 的 31NC、21NC 连接，可调电源通过空气开关与接触器 KM1 的 L3 和 L1 连接，接触器与直流电压电流组合表 1 进行电压、电流测量及线路连接（注意电表的接线方式：电压端并联连接，电流端串联连接），直流电压电流组合表 1 与接触器 KM2 连接。光伏控制器连接方式如图 4-2-3 所示。

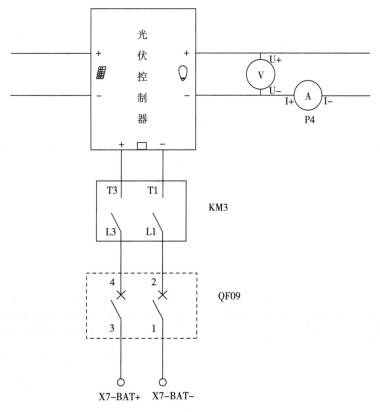

图 4-2-3　光伏控制器连接方式

③ 将接触器 KM2 连接到光伏控制器输入端;将蓄电池组通过空气开关和接触器 KM3 连接到光伏控制器蓄电池输入端;将光伏控制器输出端连接到直流电压电流组合表 2 上,进行电压、电流测量及线路连接(注意电表的接线方式:电压端并联连接,电流端串联连接)。电表电源线连接如图 4-2-4 所示。

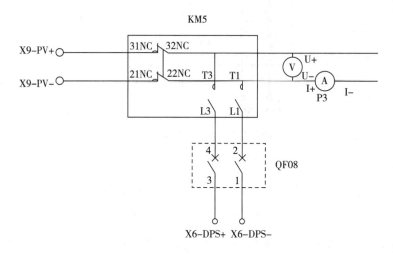

图 4-2-4　电表电源线连接

④ 将市电分别连到 PLC 的 L 端口、N 端口。从 PLC 的 24 V 接线端出线至开关按钮盘 COM 端,按键盘上的按钮 1、按钮 7、按钮 8、按钮 9 分别与 PLC 的 X0、X6、X7、X10 连接。PLC 输入口连接如图 4-2-5 所示。

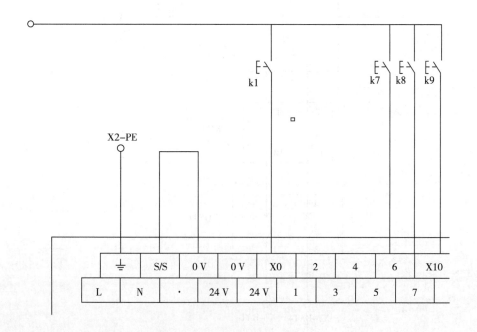

图 4-2-5　PLC 输入口连接

⑤ 从 PLC 的 Y0~Y3 接线端出线至继电器 KA1、KA2、KA3、KA4 的 13 端口,从 PLC 的 Y12、Y13、Y14 接线端出线至接触器 KM1、KM2、KM3。PLC 输出接口连接方法如图 4-2-6 所示。

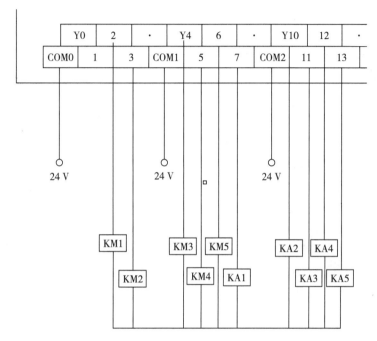

图 4-2-6　PLC 输出接口连接方法

⑥ 编写 PLC 程序。程序逻辑功能见表 4-2-3 所列。继电器/接触器与 PLC 关系如图 4-2-4 所列。

表 4-2-3　程序逻辑功能及关系

按键号	PLC	
按钮 1	X0	按一次按钮 1,KA1 吸合;再按一次按钮 1,KA2 吸合、KA1 断开;再按一次按钮 1,KA3 吸合、KA2 断开;再按一次按钮 1,KA4 吸合、KA3 断开;再按一次按钮 1,KA4 断开,并依次循环
按钮 7	X6	按下按钮 7,KM1 吸合;再按按钮 7,KM1 断开。KM1 吸合时可调直流稳压电源接入,KM1 断开时光伏单轴接入
按钮 8	X7	按下按钮 8,KM2 吸合;再按按钮 8,KM2 断开。KM2 吸合时光伏控制器的组件输入得电,为蓄电池充电
按钮 9	X10	按下按钮 9,KM3 吸合;再按按钮 9,KM3 断开。KM3 吸合时蓄电池接入,为光伏控制器供电,光伏控制器正常工作

表 4-2-4　继电器/接触器与 PLC 关系

Y0	KA1			Y12	KM1
Y1	KA2			Y13	KM2

（续表）

Y2	KA3		Y14	KM3
Y3	KA4			

梯形图如图 4 - 2 - 7 所示。

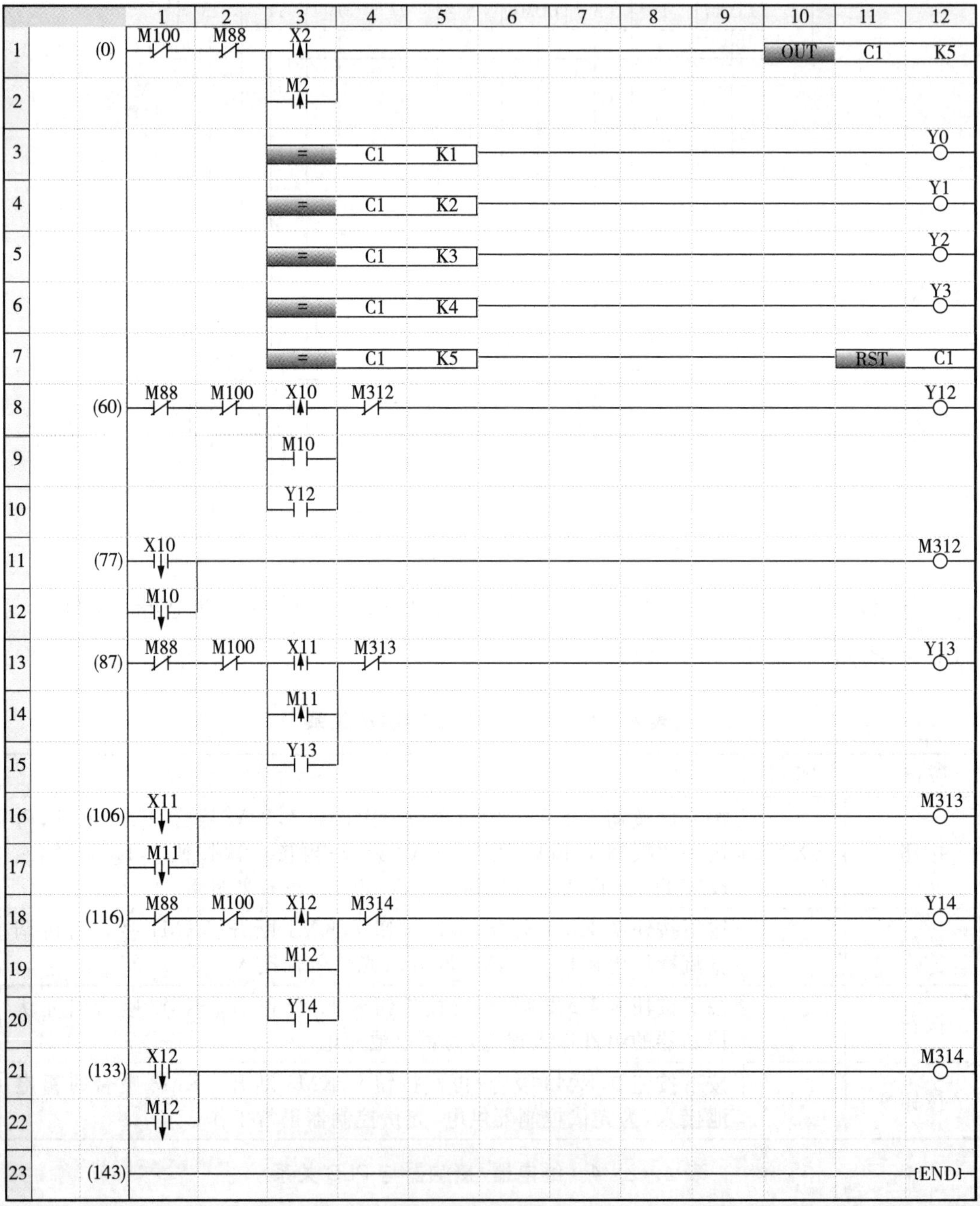

图 4 - 2 - 7　梯形图

⑦ 连接计算机与 PLC 数据线；启动 PLC 电源，将 PLC 程序下载到 PLC 中。

⑧ 调试系统，根据接触器和继电器状态组合，填写直流电压电流组合表测量数据（表 4-2-5）。

表 4-2-5　测量数据

接触器状态			继电器状态				直流电压电流组合表 1		直流电压电流组合表 2	
KM1	KM2	KM3	KA1	KA2	KA3	KA4	电压	电流	电压	电流

任务三　离网光伏工程交流逻辑控制系统的安装与调试

🔔 任务描述

本任务主要学习离网光伏工程交流逻辑控制系统的组成，完成离网光伏工程交流逻辑控制系统的安装与接线，学习 PLC 控制技术及用按钮控制继电器的方法和 PLC 离网光伏工程交流逻辑控制系统编程技术。

💎 相关知识

一、体系结构

单轴光伏供电系统通过接触器 KM1、KM2 连接到光伏控制器的输入端，蓄电池组通过空气开关 QF2、接触器 KM3 连接到光伏控制器蓄电池输入端，光伏控制器输出端通过接触器 KM5 与离网逆变器相连接，离网逆变器通过继电器 KA7 与交流负载端连接，"交流灯"和"交流风扇"分别由继电器 KA8 和 KA9 控制。直流电压电流组合表 1 测量单轴光伏供电电源的电量，直流电压电流组合表 2 测量光伏控制器输出的直流电量，交流电压电流组合表 1 测量逆变器输出电能。离网光伏工程交流逻辑控制系统如图 4-3-1 所示。

在图 4-3-1 中,注意,KM5 接触器同时要控制离网逆变器输入电能导入、离网逆变器工作电源导入(工作电源)和离网逆变器工作启动(启动开关信号)等功能。

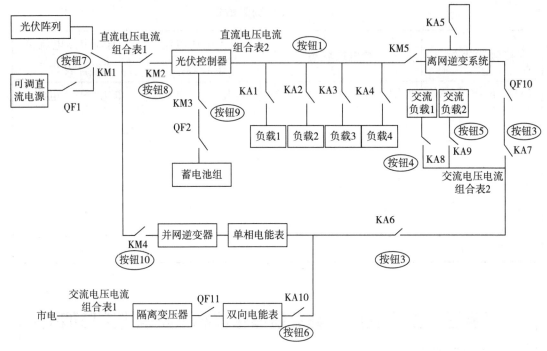

图 4-3-1 离网光伏工程交流逻辑控制系统

二、逻辑功能说明

在离网光伏工程交流逻辑控制系统中,拟通过按键、PLC、继电器和接触器实现表 4-3-1 所列程序逻辑控制功能。

表 4-3-1 程序逻辑控制功能

按键号	功能
按钮 1	按一次按钮 1,KA1 吸合;再按一次按钮 1,KA2 吸合、KA1 断开;再按一次按钮 1,KA3 吸合、KA2 断开;再按一次按钮 1,KA4 吸合、KA3 断开;再按一次按钮 1,KA4 断开,并依次循环
按钮 2	按下按钮 2,KM5 和 KA5 吸合,离网逆变器输入电能导入,离网逆变器工作电源导入,离网逆变器工作启动;再按按钮 2,KM5 和 KA5 断开
按钮 3	按下按钮 3,KA7 吸合,离网逆变器输出导通到交流负载端
按钮 5	按一次按钮 5,KA8 吸合,交流灯工作;再按按钮 5,KM8 断开

（续表）

按键号	功能
按钮 6	按一次按钮 6，KA9 吸合，交流风扇工作；再按按钮 6，KM9 断开
按钮 7	按下按钮 7，KM1 吸合；再按按钮 7，KM1 断开。KM1 吸合时可调直流稳压电源接入，KM1 断开时光伏单轴接入
按钮 8	按下按钮 8，KM2 吸合；再按按钮 8，KM2 断开。KM2 吸合时光伏控制器的组件输入得电，为蓄电池充电
按钮 9	按下按钮 9，KM3 吸合；再按按钮 9，KM3 断开。KM3 吸合时蓄电池接入，为光伏控制器供电，光伏控制器正常工作

⚙ 任务实施

一、需求工具

工具明细见表 4-3-2 所列。

表 4-3-2　工具明细

序号	元件名称	规格	数量
1	钳形数字万用表	UT203	1 块
2	工具包	—	1 套
3	直流电压电流组合表	12 V 供电	2 块
4	交流电压电流组合表	12 V 供电	1 块
5	智能离网微逆变系统	240 W	1 套
6	空气开关	16 A	3 个
7	开关按钮盘	—	1 个
8	开关电源	24 V	1 个
9	继电器	24 V	2 个
10	接触器	24 V	2 个
11	光伏组件	12 V/20 W	4 块
12	光伏控制器	12 V/24 V	1 只
13	三菱	FX50-64MR-E PLC	1 台
14	交流投射灯	220 V	1 只

二、操作步骤

① 光伏阵列（正极、负极）分别与继电器 KM1 的 31NC、21NC 连接，可调电源通过空气开关与接触器 KM5 的 L3 和 L1 连接，接触器与直流电压电流组合表 1 进行电压、电流测量及线路连接（注意电表的接线方式：电压端并联连接，电

流端串联连接)，直流电压电流组合表 1 与接触器 KM2 连接。KM1 与 KM2 的连接如图 4-3-2 所示。

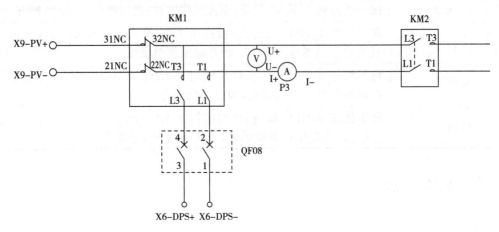

图 4-3-2 KM1 与 KM2 的连接

② 将接触器 KM2 连接输入到光伏控制器输入端；蓄电池组通过空气开关和接触器 KM3 连接到光伏控制器蓄电池输入端；将光伏控制器输出端连接到直流电压电流组合表 2 进行电压、电流测量及线路连接(注意电表的接线方式：电压端并联连接，电流端串联连接)。光伏控制器的连接如图 4-3-3 所示。

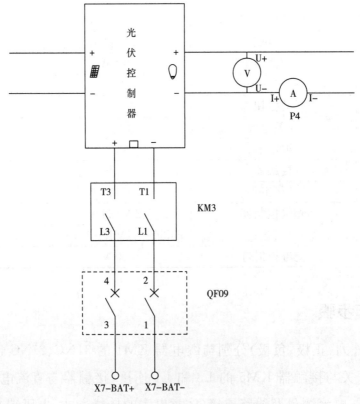

图 4-3-3 光伏控制器的连接

③ 负载"红灯""黄灯""绿灯""蜂鸣器",分别与 KA11、KA2、KA3、KA7 继电器连接,并与光伏控制器输出端并联。负载连接如图 4-3-4 所示。

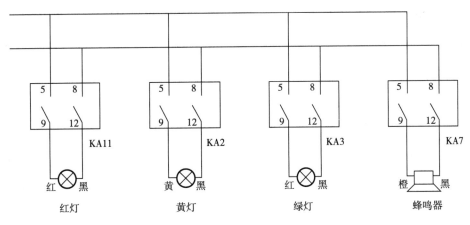

图 4-3-4 负载连接

④ 将光伏控制器输出端连接到接触器 KM5 上,并通过接触器输入到离网逆变器输入端;同时 24 V 电源通过接触器 KA6 与离网逆变器电源端连接;逆变器启动按键(信号)通过继电器 KA5 连接;逆变器输出端通过空气开关 9 和继电器 KA7 输出端连接。离网逆变器连接如图 4-3-5 所示。

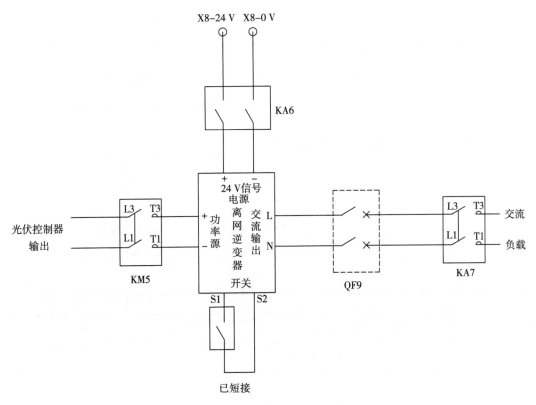

图 4-3-5 离网逆变器连接

⑤ 通过继电器 KA6 输出与交流电压电流组合表 1 进行电压、电流测量及线路连接，交流电压电流组合表 1 输出端分别与继电器 KA8、KA9 连接，继电器 KA8、KA9 输出端与交流灯和交流风扇连接。交流电压电流组合表及交流负载连接如图 4-3-6 所示。

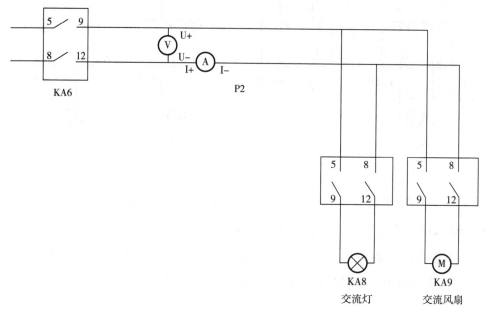

图 4-3-6　交流电压电流组合表及交流负载连接

⑥ 将市电分别连接到 PLC 的 L 端口、N 端口上。从 PLC 的 24 V 接线端出线至开关按钮盘 COM 端，按键盘的 K1、K2、K3、K5、K6、K7、K8、K9 分别与 PLC 的 X0、X1、X2、X4、X5、X6、X7、X10 连接。PLC 输入连接如图 4-3-7 所示。

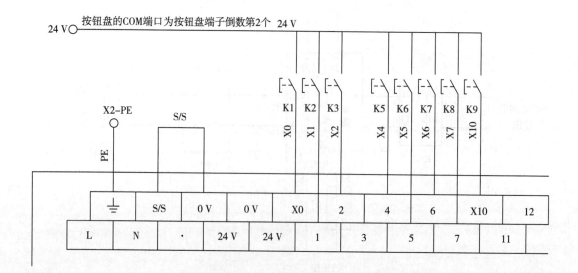

图 4-3-7　PLC 输入连接

⑦ 从 PLC 的 Y0～Y3 接线端出线至继电器 KA1、KA2、KA3、KA4 的 13 端口,从 PLC 的 Y12、Y13、Y14 接线端出线至接触器 KM1、KM2、KM3。PLC 输出连接如图 4-3-8 所示。

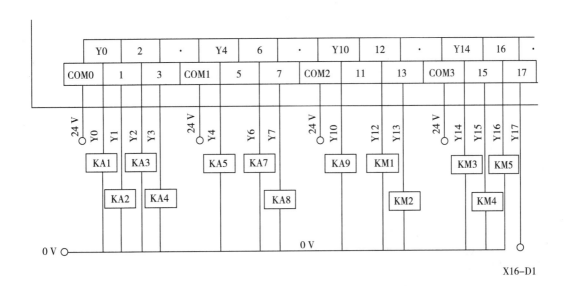

图 4-3-8 PLC 输出连接

⑧ 编写 PLC 程序。程序逻辑功能见表 4-3-1 所列。继电器/接触器与 PLC 关系见表 4-3-3 所列。

表 4-3-3 继电器/接触器与 PLC 关系

Y0	KA1	Y12	KM1
Y1	KA2	Y13	KM2
Y2	KA3	Y14	KM3
Y3	KA4	Y16	KM5
Y4	KA5	Y7	KA8
Y6	KA7	Y10	KA9

梯形图如图 4-3-9 所示。

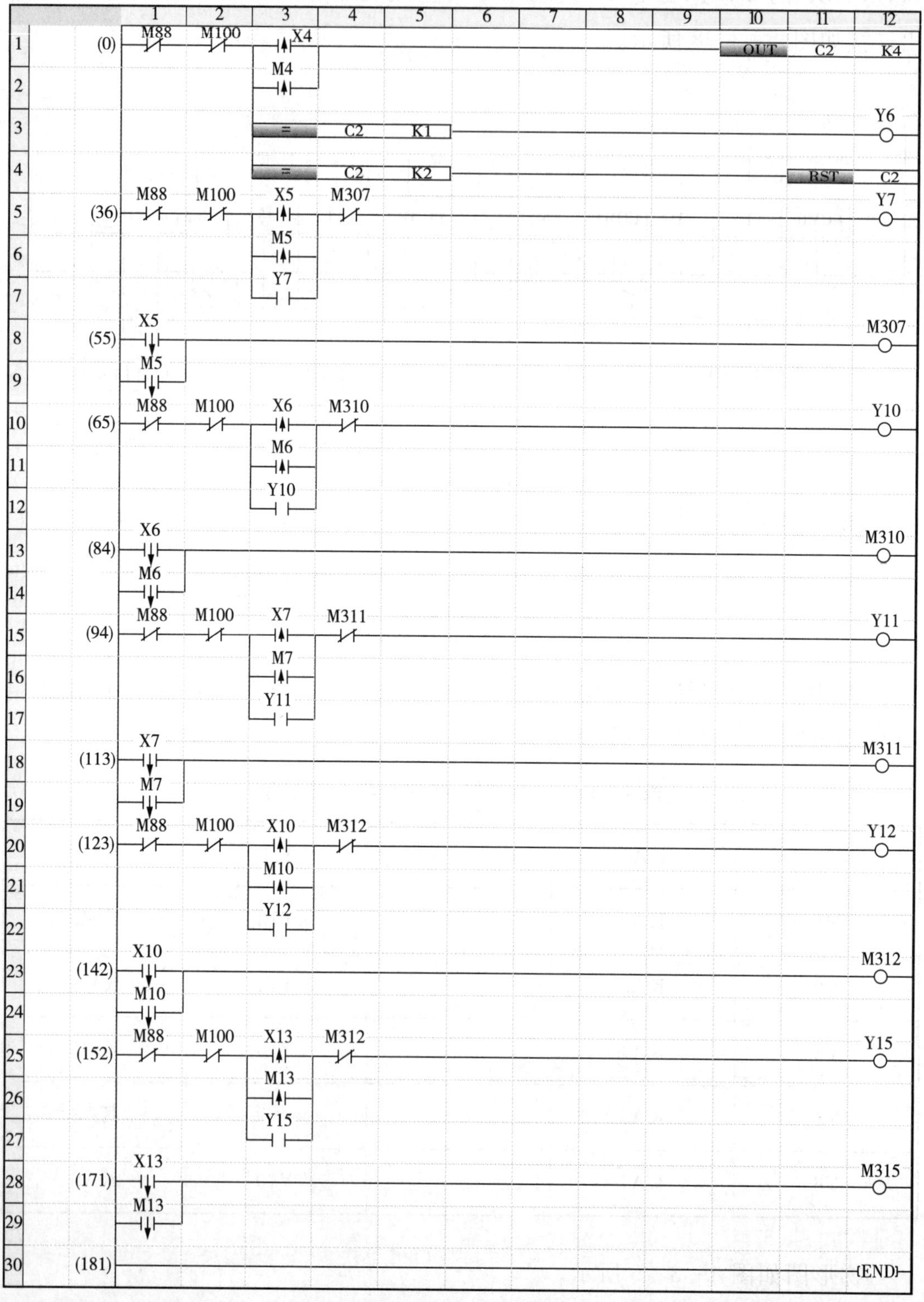

图 4-3-9 梯形图

⑨ 连接计算机与 PLC 数据线；启动 PLC 电源，将 PLC 程序下载到 PLC 中。

⑩ 调试系统，根据接触器和继电器状态组合，填写交流电压电流组合表测量数据（表 4-3-4）。

表 4-3-4　交流电压电流组合表测量数据

接触器状态				继电器状态							交流电压电流组合表 1		交流电压电流组合表 2	
KM1	KM2	KM3	KM5	KA1	KA2	KA3	KA4	KA7	KA8	KA9	V	I	V	I

任务四　并网光伏工程逻辑控制系统的安装与调试

任务描述

本任务主要学习并网光伏工程逻辑控制系统的组成、并网光伏工程逻辑控制系统的安装与接线、并网光伏工程逻辑控制系统的运行原理、并网光伏工程逻辑控制系统 PLC 编程技术、PLC 控制技术及用按钮控制继电器的方法。

相关知识

一、并网光伏工程逻辑控制系统结构

单轴光伏供电系统通过空气开关 2 连接到并网逆变器的输入端；并网逆变器输出通过单相电能表连接到交流负载，同时市电通过双向电能表与并网逆变器进行连接。当并网光伏工程逻辑控制系统工作时（注：此时光伏组件电能较少，光伏组件由直流稳压电源代替），光伏直流电能通过并网逆变器产生交流电能，为交流负载提供电能；当光伏发电不足时，电量由市电进行补充；当光伏发电

电能较足时,光伏发电将通过双向电能表流向市电。并网光伏工程逻辑控制系统结构如图 4-4-1 所示。

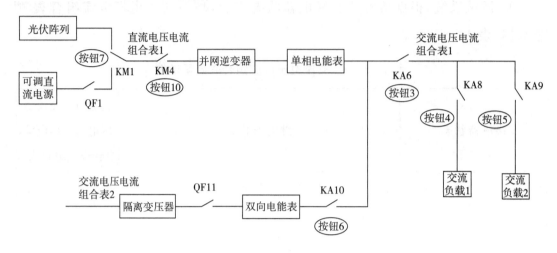

图 4-4-1   并网光伏工程逻辑控制系统结构

二、逻辑功能说明

在并网光伏工程逻辑控制系统中,拟通过按键、PLC、继电器和接触器实现表 4-4-1 所列程序逻辑控制功能。

表 4-4-1   程序逻辑控制功能

按键号	逻辑控制功能
按钮 3	按下按钮 3,KA6 吸合;再按按钮 3,KA6 断开。吸合表示并网逆变器与交流负载导通
按钮 4	按一次按钮 4,KA8 吸合,交流灯工作;再按按钮 4,KM8 断开
按钮 5	按一次按钮 5,KA9 吸合,交流风扇工作;再按按钮 5,KM9 断开
按钮 6	按一次按钮 6,KA10 吸合,与市电导通;再按按钮 6,KM10 断开
按钮 7	按下按钮 7,KM1 吸合;再按按钮 7,KM1 断开。KM1 吸合时可调直流稳压电源接入,KM1 断开时光伏单轴接入
按钮 10	按下按钮 10,KM4 吸合;再按按钮 10,KM4 断开。KM4 吸合时并网逆变器输入接通

任务实施

一、需求工具

工具明细见表 4-4-1 所列。

表 4-4-1　工具明细

序号	元件名称	规格	数量
1	钳形数字万用表	UT203	1 块
2	工具包	—	1 套
3	继电器	24 V	1 个
4	接触器	24 V	1 个
5	单相电能表	—	1 块
6	隔离变压器	1000 VA	1 只
7	并网逆变器	700 W	1 套
8	可调直流稳压电源	100 V/10 A/100 W	1 只
9	空气开关	16 A	3 个
10	开关按钮盘	—	1 个
11	三菱	FX50-64MR-E PLC	1 台

二、操作步骤

① 在单轴光伏供电系统中,光伏阵列为并网逆变器提供输入直流电能,完成光伏阵列与可调直流稳压电源和接触器 KM1 的连接;对接触器 KM1 输出与直流电压电流组合表 1 进行电压、电流测量及线路连接;直流电压电流组合表 1 输出与接触器 KM4 连接。注意电表的接线方式:电压端并联连接,电流端串联连接。单轴供电系统连接如图 4-4-2 所示。

② 接触器 KM4 输出端与并网逆变器输入端连接,并网逆变器与单相电能表连接,单相电能表输出电能。并网逆变器连接如图 4-4-3 所示。

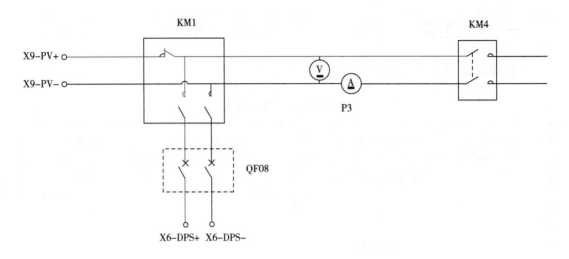

图 4-4-2　单轴供电系统连接

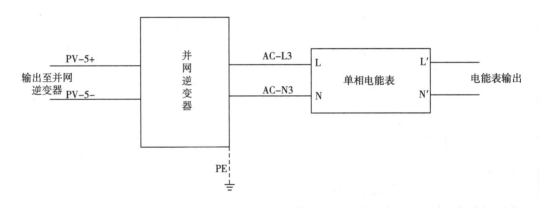

图 4-4-3　并网逆变器连接

③ 将单相电能表输出端连接至继电器 KA6;继电器 KA6 再与交流电压电流组合表 1 进行电压、电流测量及线路连接;交流电压电流组合表 1 输出端通过继电器 KA8 和 KA9 分别与交流灯、交流风扇连接。交流负载连接如图 4-4-4 所示。

④ 同时单相电能表输出端与继电器 KA4 的输出端连接,继电器 KA4 的输入端与双向电能表输出端连接,双向电能表输入端与空气开关 QF11 连接。市电接入如图 4-4-5 所示。

⑤ 空气开关与隔离变压器输出端连接,对总市电电源与交流电压电流组合表 2 进行电压、电流测量及线路连接,交流电压电流组合表 2 输出端与隔离变压器输入端连接。隔离变压器与双向电能表连接如图 4-4-6 所示。

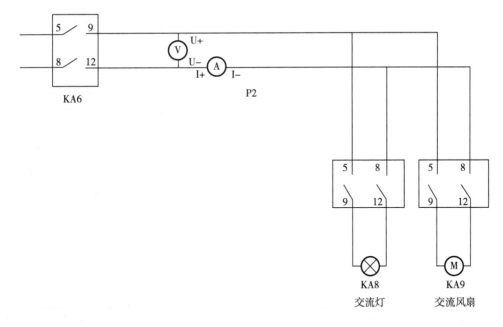

图 4 - 4 - 4　交流负载连接

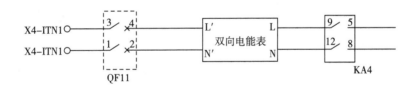

图 4 - 4 - 5　市电接入

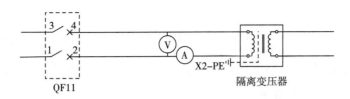

图 4 - 4 - 6　隔离变压器与双向电能表连接

⑥ 将市电分别连接到 PLC 的 L 端口、N 端口上。从 PLC 的 24 V 接线端出线至开关按钮盘 COM 端,按键盘上的按钮 3、按钮 4、按钮 5、按钮 6、按钮 10 分别与 PLC 的 X2、X4、X5、X6、X11 连接。PLC 输入端连接如图 4 - 4 - 7 所示。

⑦ 从 PLC 的 Y5、Y7、Y10、Y11 接线端出线至继电器 KA6、KA8、KA9、KA10 的 13 端口,从 PLC 的 Y12、Y15 接线端出线至接触器 KM1、KM4。PLC 输出连接如图 4 - 4 - 8 所示。

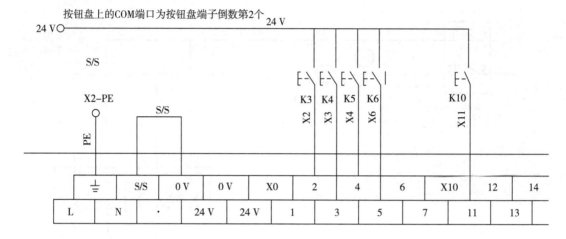

图 4-4-7　PLC 输入端连接

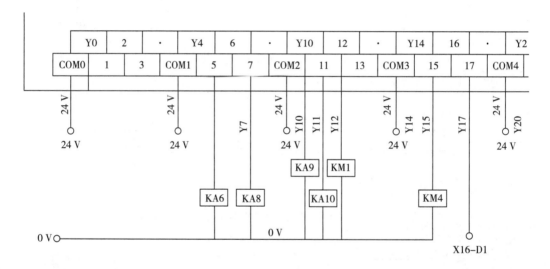

图 4-4-8　PLC 输出连接

⑧ 编写 PLC 程序。程序逻辑功能见表 4-4-1 所列。继电器/接触器与 PLC 关系见表 4-4-2 所列。

表 4-4-2　继电器/接触器与 PLC 关系

Y5	KA6		Y12	KM1
Y7	KA8		Y15	KM4
Y10	KA9			
Y11	KA10			

梯形图如图 4-4-9 所示。

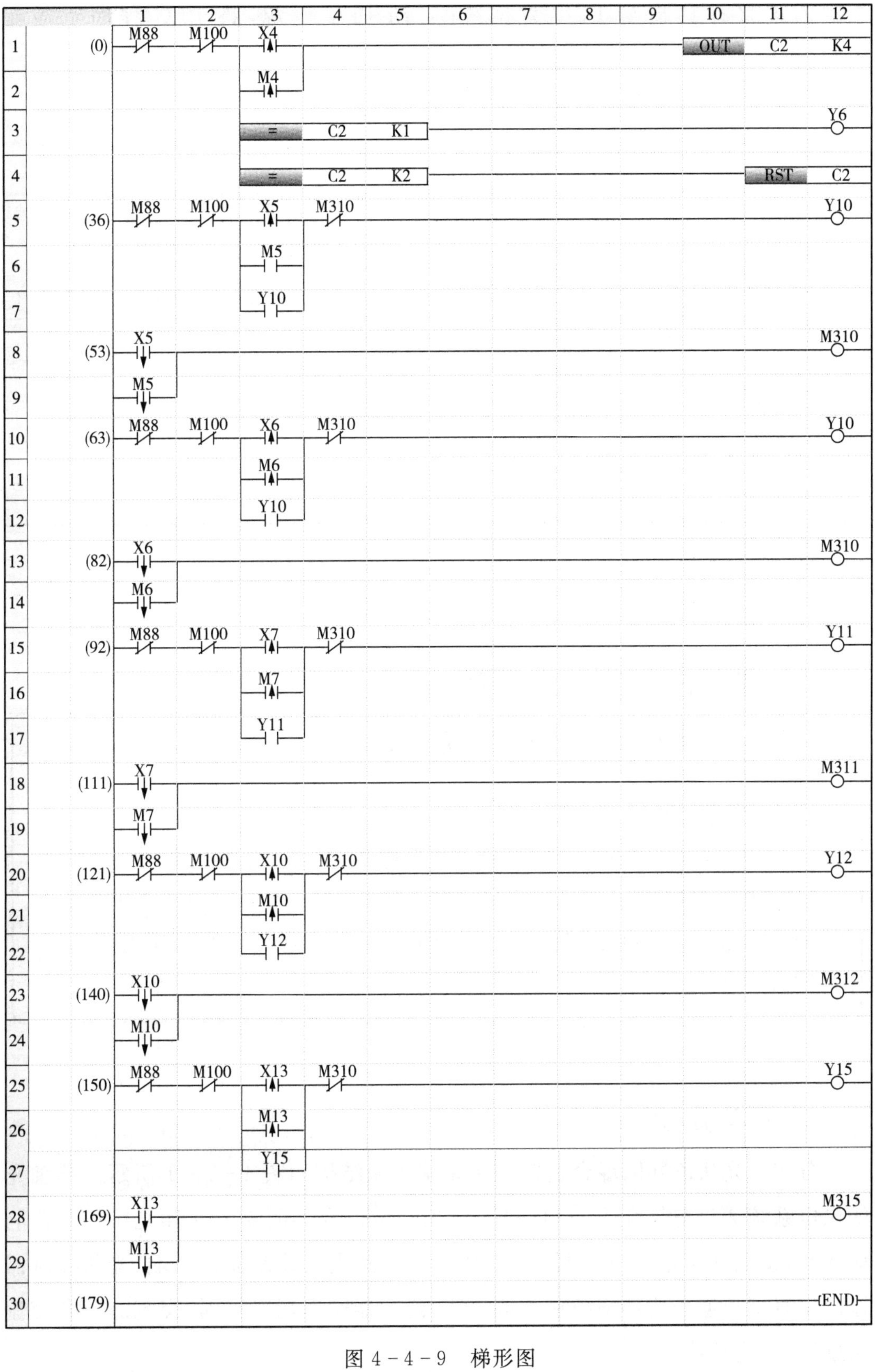

		1	2	3	4	5	6	7	8	9	10	11	12
1	(0)	M88	M100	X4							OUT	C2	K4
2				M4									
3				=	C2	K1							Y6
4				=	C2	K2						RST	C2
5	(36)	M88	M100	X5	M310								Y10
6				M5									
7				Y10									
8	(53)	X5											M310
9		M5											
10	(63)	M88	M100	X6	M310								Y10
11				M6									
12				Y10									
13	(82)	X6											M310
14		M6											
15	(92)	M88	M100	X7	M310								Y11
16				M7									
17				Y11									
18	(111)	X7											M311
19		M7											
20	(121)	M88	M100	X10	M310								Y12
21				M10									
22				Y12									
23	(140)	X10											M312
24		M10											
25	(150)	M88	M100	X13	M310								Y15
26				M13									
27				Y15									
28	(169)	X13											M315
29		M13											
30	(179)												{END}

图 4-4-9 梯形图

⑨ 连接计算机与 PLC 数据线；启动 PLC 电源，将 PLC 程序下载到 PLC 中。

⑩ 调试系统，根据接触器和继电器状态组合，填写测量数据（表 4-4-4）。

表 4-4-4　测量数据

接触器状态		继电器状态				直流电压电流组合表		交流电压电流组合表 1		交流电压电流组合表 2	
KM1	KM4	KA6	KA8	KA9	KA10	V	I	V	I	V	I

任务五　分布式光伏离并网混合逻辑控制系统的连接与测试

🔔 任务描述

本任务主要学习分布式光伏离并网混合逻辑控制系统的组成；学习分布式光伏离并网混合逻辑控制系统的安装与接线；学习可编程逻辑控制器的控制原理，并熟练编程；学习 PLC 控制技术及用按钮控制继电器的方法；学习单轴光伏供电系统控制方法。

💎 相关知识

分布式光伏离并网混合逻辑控制系统体系结构如图 4-5-1 所示。单轴光伏供电系统通过空气开关 1（QF1）连接到并网逆变器的输入端和光伏控制器的输入端，蓄电池组通过空气开关 2（QF2）连接到光伏控制器输入端，光伏控制器输出端直接与逆变器功率源输入端连接，逆变器输出端连接到"交流灯"和"交流风扇"等交流负载上。

　　并网逆变器输出端通过单相电能表连接到交流负载上,同时市电通过双向电能表与并网逆变器相连接。当光伏工程并网系统工作时(注:此时光伏组件电能较少由直流稳压电源代替),光伏直流电能通过并网逆变器产生交流电能,为交流负载提供电能。

　　当光伏并网逆变器发电不足时,由市电进行补充;当光伏发电电能较足时,光伏发电将通过双向电能表流向市电。当市电发生故障时,离网逆变器启动,继续为负载供电。

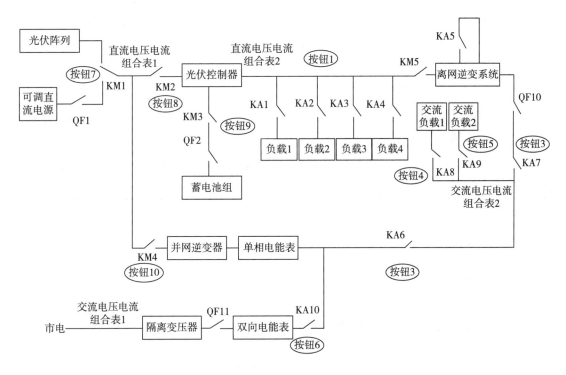

图 4-5-1　分布式光伏离并网混合逻辑控制系统体系结构

　　在分布式光伏离并网混合逻辑控制系统中,拟通过按键、PLC、继电器和接触器实现表 4-5-1 所列程序逻辑控制功能。

表 4-5-1　程序逻辑控制功能

按键号	功能
按钮 1	按一次按钮 1,KA1 吸合;再按一次按钮 1,KA2 吸合、KA1 断开;再按一次按钮 1,KA3 吸合、KA2 断开;再按一次按钮 1,KA4 吸合、KA3 断开;再按一次按钮 1,KA4 断开(循环)
按钮 2	按一次按钮 2,离网供电开关打开,离网输入接入,KA5 和 KM5 吸合;再按一次按钮 2,KA5 和 KM5 断开

（续表）

按键号	功能
按钮3	并/离网切换,按1次按钮3,KA6吸合,KA7断开,为分布式并网光伏系统;再按一次按钮3,KA7吸合,KA6断开,为离网光伏系统
按钮4	按下按钮4,KA8吸合;再按按钮4,KA8断开
按钮5	按下按钮5,KA9吸合;再按按钮5,KA9断开
按钮6	按下按钮6,KA10吸合;再按按钮6,KA10断开。KA10吸合时,并网线路市电接入
按钮7	按下按钮7,KM1吸合;再按按钮7,KM1断开。KM1吸合时可调直流稳压电源接入,KM1断开时光伏单轴接入
按钮8	按下按钮8,KM2吸合;再按按钮8,KM2断开。KM2吸合时光伏控制器的组件输入得电,为蓄电池充电
按钮9	按下按钮9,KM3吸合;再按按钮9,KM3断开。KM3吸合时蓄电池接入,为光伏控制器供电,光伏控制器正常工作
按钮10	按下按钮10,KM4吸合;再按按钮10,KM4断开。KM4吸合时并网逆变器输入接通

⊛ 任务实施

一、需求工具

工具明细见表4-5-2所列。

表4-5-2　工具明细

序号	元件名称	规格	数量
1	钳形数字万用表	UT203	1块
2	工具包	—	1套
3	直流电压电流组合表	24 V供电	2块
4	交流电压电流组合表	24 V供电	1块
5	单相电能表	—	1块
6	双向电能表	—	1块
7	隔离变压器	1000 VA	1只
8	并网逆变器	700 W	1套
9	智能离网微逆变系统	240 W	1套

（续表）

序号	元件名称	规格	数量
10	可调直流稳压电源	100 V/10 A/100 W	1 只
11	空气开关	16 A	6 个
12	开关按钮盘	—	1 个
13	开关电源	24 V	1 个
14	继电器	24 V	5 个
15	接触器	24 V	3 个
16	三菱	FX50 - 64MR - E PLC	1 台
17	直流灯	24 V	1 只
18	交流投射灯	220 V	1 只

二、操作步骤

① 光伏阵列（正极、负极）分别与继电器 KM1 的 31NC、21NC 连接，可调电源通过空气开关与接触器 KM1 的 L3 和 L1 连接，接触器与直流电压电流组合表1进行电压、电流测量及线路连接，直流电压电流组合表1与接触器 KM2 连接。KM1 和 KM2 的连接如图 4 - 5 - 2 所示。

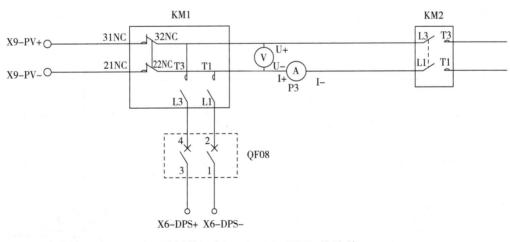

图 4 - 5 - 2　KM1 和 KM2 的连接

② 将接触器 KM2 连接输入到光伏控制器输入端；蓄电池组通过空气开关和接触器 KM3 连接到光伏控制器蓄电池输入端；将光伏控制器输出端连接到直流电压电流组合表2上，进行电压、电流测量及线路连接。光伏控制器连接如图 4 - 5 - 3 所示。

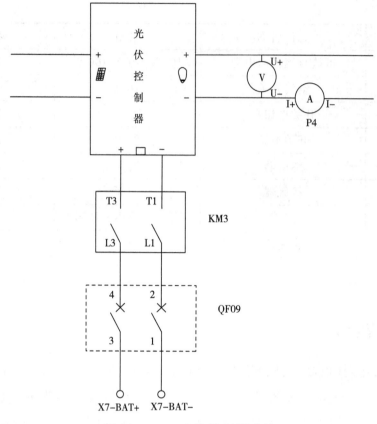

图 4 - 5 - 3 光伏控制器连接

③ "红灯""黄灯""绿灯""蜂鸣器"4 种负载,分别与 KA1、KA2、KA3、KA4 继电器相连接,并与光伏控制器输出端并联。负载连接如图 4 - 5 - 4 所示。

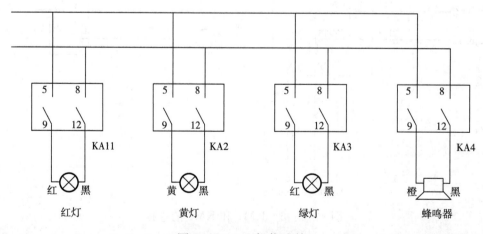

图 4 - 5 - 4 负载连接

④ 将光伏控制器输出端连接到接触器 KM5 上,并通过接触器输入到离网逆变器输入端;同时将 24 V 电源通过接触器 KA6 与离网逆变器电源端相连接;逆变器启动按键(信号)直接用导线连接;逆变器输出端通过空气开关 QF9 和继

电器 KA7 输出端连接。离网逆变器连接如图 4-5-5 所示。

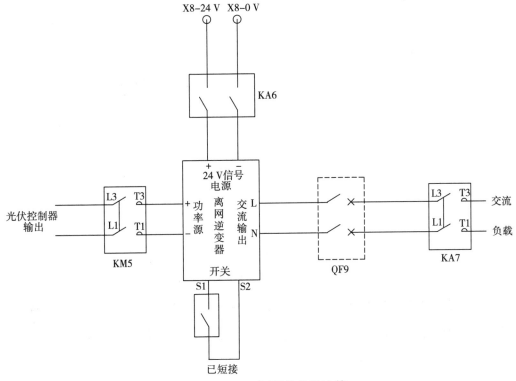

图 4-5-5 离网逆变器连接

⑤ 对继电器 KA9 输出与交流电压电流组合表 1 进行电压、电流测量及线路连接,交流电压电流组合表 1 输出端分别与继电器 KA5、KA6 连接,继电器 KA5、KA6 输出端与交流灯和交流风扇连接。交流电压电流组合表及交流负载的连接如图 4-5-6 所示。

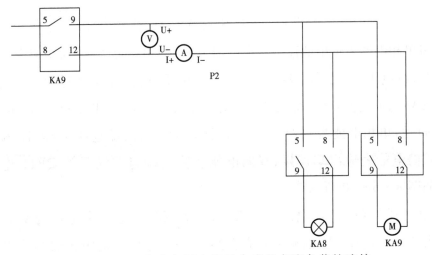

图 4-5-6 交流电压电流组合表及交流负载的连接

⑥ 同时,直流电压电流组合表1输出端与接触器 KM5 连接。注意电表的接线方式:电压端并联连接,电流端串联连接。单相供电系统连接如图4-5-7所示。

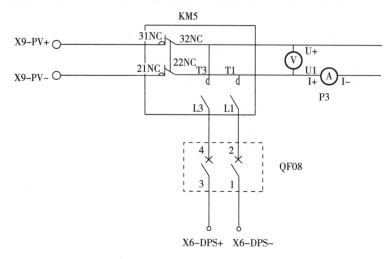

图4-5-7 单相供电系统连接

⑦ 接触器 KM4 输出端与并网逆变器输入端连接,并网逆变器与单相电能表连接,单相电能表输出电能。并网逆变器连接如图4-5-8所示。

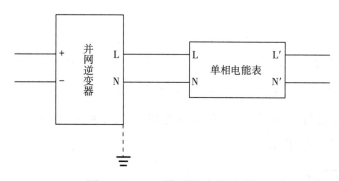

图4-5-8 并网逆变器连接

⑧ 将单相电能表输出端连接至继电器 KA9,对继电器 KA9 与交流电压电流组合表1再进行电压、电流测量及线路连接,交流电压电流组合表1输出端通过继电器 KA5 和 KA6 分别与交流灯、交流风扇连接。交流负载连接如图4-5-9所示。

⑨ 同时,单相电能表输出端与继电器 KA10 输出端连接;继电器 KA10 输入端与双向电能表输出端连接;双向电能表输入端与空气开关 QF11 连接。市电接入如图4-5-10所示。

⑩ 空气开关 QF11 与隔离变压器输出端连接,对总市电电源与交流电压电流组合表2进行电压、电流测量及线路连接,交流电压电流组合表2输出端与隔离变压器输入端连接。隔离变压器与双向电能表连接如图4-5-11所示。

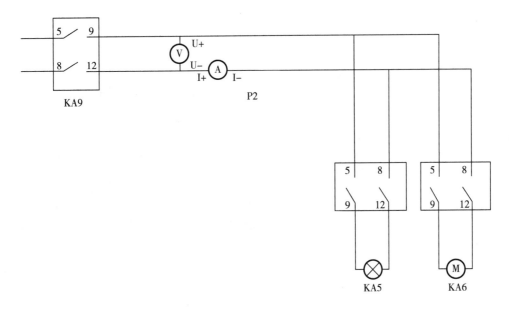

图 4-5-9　交流负载连接

图 4-5-10　市电接入

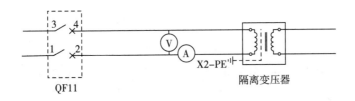

图 4-5-11　隔离变压器与双向电能表连接

⑪ 将市电分别连接到 PLC 的 L 端口、N 端口。从 PLC 的 24 V 接线端出线至开关按钮盘 COM 端,按键盘上的按钮 1、按钮 2、按钮 3、按钮 4、按钮 5、按钮 6、按钮 7、按钮 8、按钮 9、按钮 10、按钮 11、按钮 12 分别与 PLC 的 X0、X1、X2、X3、X4、X5、X6、X7、X10、X11、X12、X13 连接。PLC 输入端连接如图 4-5-12 所示。

⑫ 从 PLC 的 Y0、Y1、Y2、Y3、Y4、Y5、Y6、Y7、Y10、Y11 接线端出线至继电器 KA1、KA2、KA3、KA4、KA5、KA6、KA7、KA8、KA9、KA10 的 13 端口,从 PLC 的 Y12、Y13、Y14、Y15、Y16 接线端出线至接触器 KM1、KM2、KM3、KM4、KM5。PLC 输出连接如图 4-5-13 所示。

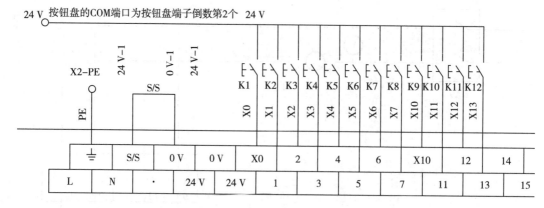

图 4-5-12 PLC 输入端连接

图 4-5-13 PLC 输出连接

⑬ 编写 PLC 程序。程序逻辑控制功能见表 4-5-1 所列。PLC、按键逻辑关系见表 4-5-3 所列。

表 4-5-3 PLC、按键逻辑关系

Y0	KA1		Y10	KA9
Y1	KA2		Y11	KA10
Y2	KA3		Y12	KM1
Y3	KA4		Y13	KM2
Y4	KA5		Y14	KM3
Y5	KA6		Y15	KM4
Y6	KA7		Y16	KM5
Y7	KA8			

程序梯形图如图 4 - 5 - 14 所示。

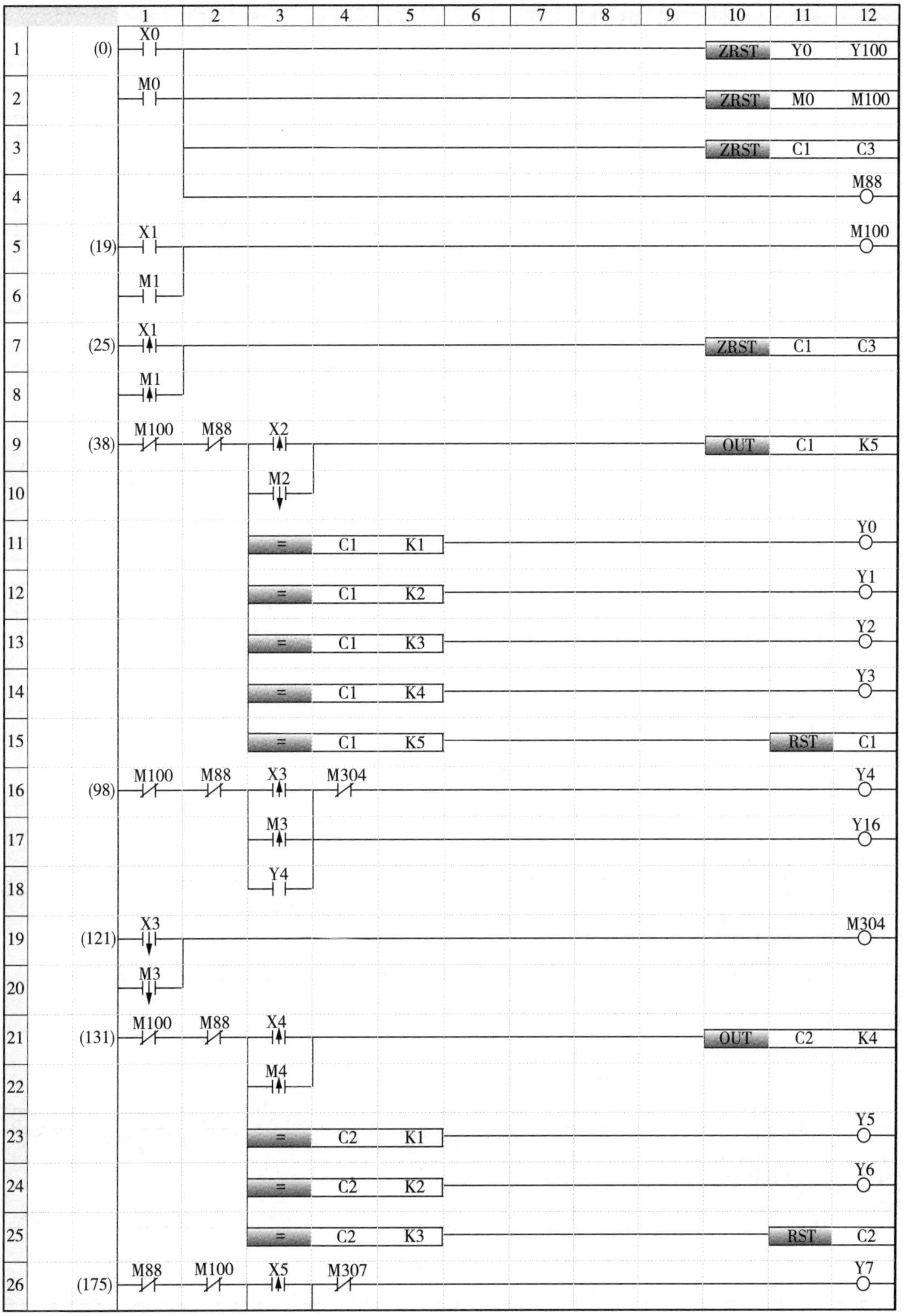

图 4 - 5 - 14

	1	2	3	4	5	6	7	8	9	10	11	12
27			M5 ↑									
28			Y7									
29	(194)	X5										M307 ○
30		M5										
31	(204)	M88	M100	X6 ↑	M310							Y10 ○
32				M6								
33				Y10								
34	(223)	X6 ↓										M310 ○
35		M6 ↓										
36	(233)	M88	M100	X7 ↑	M311							Y11 ○
37				M7								
38				Y11								
39	(252)	X7 ↓										M311 ○
40		M7 ↓										
41	(262)	M88	M100	X10 ↑	M312							Y12 ○
42				M10								
43				Y12								
44	(281)	X10 ↓										M312 ○
45		M10										
46	(291)	M88	M100	X11 ↑	M313							Y13 ○
47				M11								
48				Y13								
49	(310)	X11 ↓										M313 ○
50		M11										
51	(320)	M88	M100	X12 ↑	M314							Y14 ○
52				M12								

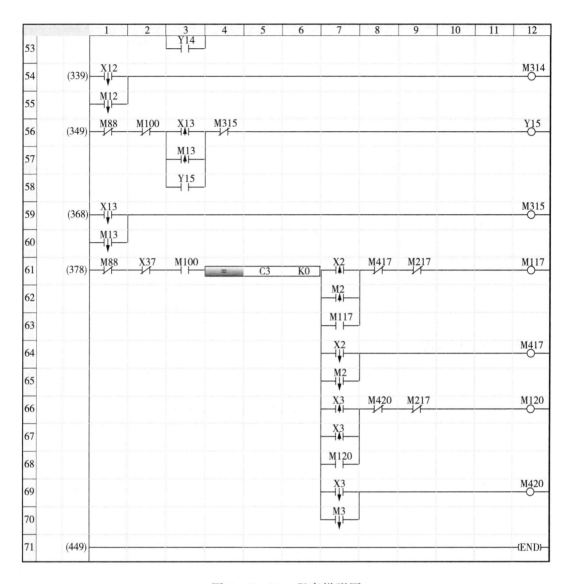

图 4-5-14　程序梯形图

⑭ 连接计算机与 PLC 数据线;启动 PLC 电源,将 PLC 程序下载至 PLC 中。

⑮ 调试系统,根据各按键组合,填写测量数据(表 4-5-4)。

表 4-5-4　测量数据

按键 1	按键 2	按键 3	按键 4	按键 5	按键 6	按键 7	按键 8	按键 9	按键 10	直流电压电流组合表1	直流电压电流组合表2	交流电压电流组合表1	交流电压电流组合表1

（续表）

按键 1	按键 2	按键 3	按键 4	按键 5	按键 6	按键 7	按键 8	按键 9	按键 10	直流电压电流组合表 1	直流电压电流组合表 2	交流电压电流组合表 1	交流电压电流组合表 1

注：根据开关按键的不同组合，观察直流电压电流组合表、交流电压电流组合表的变化。可添加表格内容。

项目小结

本项目主要讲述了分布式光伏发电实训系统逻辑控制与测试以及离网光伏工程直流逻辑控制系统、离网光伏工程交流逻辑控制系统、并网光伏工程逻辑控制系统、分布式光伏离并网混合逻辑控制系统的连接与测试。

项目训练

1. 离网光伏发电系统负载示例见表 4-5-5 所列，分析该系统蓄电池容量。

表 4-5-5　离网光伏发电系统负载示例

序号	负载名称	AC/DC	负载功率/W	负载数量	合计功率/W	每日工作时间/h	每日耗电量/（W·h）
1	空调	AC	1500	1	1500	8	12000
2	电视	AC	100	1	100	8	800
3	日常照明	AC	30	4	120	3	360

2. 要为一个太阳能楼宇发电系统设计超级电容器，已知工作电流为 30 mA，每天工作 8h，工作电压为 1.8 V，截止工作电压为 1.2 V。求超级电容器需要容量。

3. 简述用光伏控制器蓄电池检测控制电路的工作原理。

4. 简述典型光伏控制器的选配方法。

5. 简述发电系统中接地系统的组成及实施方法。

分布式光伏发电实训系统远程控制实训

🔊 项目目标

1. 掌握离网光伏工程交流远程控制系统的组成、安装、接线和 PLC 离网光伏工程交流逻辑系统编程技术;

2. 掌握分布式光伏发电实训系统并网监控系统的组成、安装、接线、控制原理和 PLC 离网光伏工程交流逻辑系统编程技术;

3. 掌握分布式光伏发电实训系统离并网混合监控系统的组成、安装、接线及 PLC 控制技术及用按钮控制继电器的方法;

4. 掌握环境感知模块数据采集与监控系统画面的部署、采集与监控系统 I/O 驱动的设置、LoRa 模块参数调试、监控调试相关知识。

📖 项目描述

本项目主要完成光伏组件接入直流电压电流组合表后,其与光伏控制器逻辑控制线路的连接;完成光伏控制器与蓄电池充放电线路的逻辑控制的连接;完成光伏控制器接入直流电压电流组合表后,与智能离网微逆变系统线路的逻辑控制的连接;完成智能逆变系统与交流负载逻辑控制线路的连接;完成离网光伏工程交流远程控制系统 PLC 编程设计;完成离网光伏工程交流逻辑系统 PLC 安装与按键、继电器控制线路的连接。

任务一　离网光伏工程交流远程控制系统

🔔 任务描述

　　本任务主要学习离网光伏工程交流逻辑系统的组成、离网光伏工程交流逻辑系统的安装与接线、PLC控制技术及用按钮控制继电器的方法、PLC离网光伏工程交流逻辑系统编程技术。

💠 相关知识

一、离网光伏工程直流逻辑控制系统结构

　　离网光伏工程直流系统如图5-1-1所示。单轴光伏供电系统中光伏阵列和可调直流电源由接触器KM1选择控制;从KM1到光伏控制器由接触器KM2控制;蓄电池与光伏控制器的连接受KM3接触器控制,各直流负载分别受继电器KA1、KA2、KA3、KA4控制。

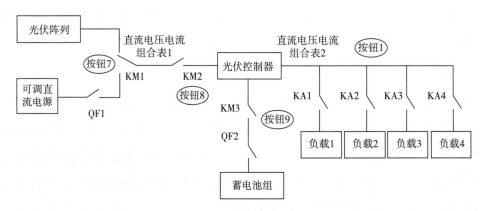

图5-1-1　离网光伏工程直流逻辑控制系统

二、逻辑控制器说明

　　在离网光伏工程直流逻辑控制系统中,拟通过按键、PLC、继电器和接触器实现表5-1-1所列程序逻辑控制功能,各按钮控制对象及要求见图5-1-1。

表5-1-1　程序逻辑控制功能

按键号	功能
按钮1	按一次按钮1,KA1吸合;再按一次按钮1,KA2吸合、KA1断开;再按一次按钮1,KA3吸合、KA2断开;再按一次按钮1,KA4吸合、KA3断开;再按一次按钮1,KA4断开,并依次循环

按键号	功能
按钮 7	按下按钮 7，KM1 吸合；再按按钮 7，KM1 断开。KM1 吸合时可调直流稳压电源接入，KM1 断开时光伏单轴接入
按钮 8	按下按钮 8，KM2 吸合；再按按钮 8，KM2 断开。KM2 吸合时光伏控制器的组件输入得电，为蓄电池充电
按钮 9	按下按钮 9，KM3 吸合；再按按钮 9，KM3 断开。KM3 吸合时蓄电池接入，为光伏控制器供电，光伏控制器正常工作

三、远程监控界面设计

远程监控界面采用力控软件实现。远程监控界面主要分为数据采集界面和操作界面。远程监控界面设计见表 5-1-2 所列。

表 5-1-2　远程监控界面设计

数据采集界面		
直流电压电流组合表 1	显示电压	显示电流
直流电压电流组合表 2	显示电压	显示电流
操作界面		
力控软件	键盘	功能
按钮 1	按钮 1	
按钮 2	按钮 7	见表 5-1-1 所列
按钮 3	按钮 8	
按钮 4	按钮 9	

🔧 任务实施

一、需求工具

工具明细见表 5-1-3 所列。

表 5-1-3　工具明细

序号	元件名称	规格	数量
1	光伏组件	12 V/20 W	4 块
2	钳形数字万用表	UT203	1 块
3	工具包	—	1 套

（续表）

序号	元件名称	规格	数量
4	蓄电池	12 V	2 块
5	直流电压电流组合表	24 V 供电	2 块
6	交流电压电流组合表	24 V 供电	1 块
7	光伏控制器	12 V/24 V	1 只
8	智能离网微逆变系统	240 W	1 套
9	开关电源	24 V	1 只
10	空气开关	16 A	4 个
11	计算机	—	1 台
12	三菱	FX50－64MR－E PLC	1 台
13	网线	RJ45	1 根
14	继电器	24 V	1 个

二、平台设备安装与连接

① 光伏阵列（正极、负极）分别与继电器 KM1 的 31NC、21NC 连接，可调电源通过空气开关与接触器 KM1 的 L3 和 L1 连接，对接触器与直流电压电流组合表 1 进行电压、电流测量及线路连接（注意：电表电源线的连接），直流电压电流组合表 1 与接触器 KM2 连接。KM1 和 KM2 连接如图 5－1－2 所示。

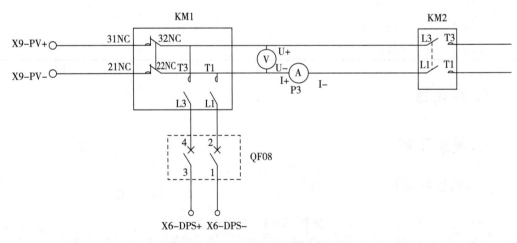

图 5－1－2　KM1 和 KM2 连接

② 将接触器 KM2 连接输入到光伏控制器输入端；蓄电池组通过空气开关和接触器 KM1 连接到光伏控制器蓄电池输入端；光伏控制器输出端连接到直流电压电流组合表 2（P4）上并进行电压、电流测量（注意：电表电源线的连接）。光

伏控制器连接如图 5-1-3 所示。

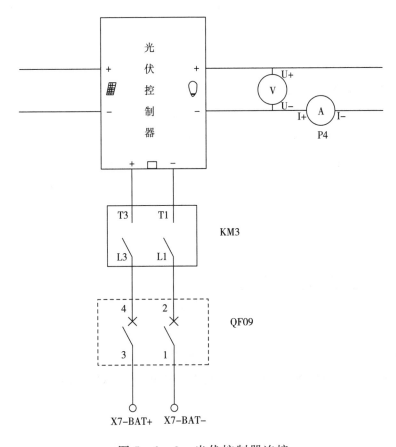

图 5-1-3 光伏控制器连接

③ "红灯""黄灯""绿灯""蜂鸣器"4 种负载,分别与 KA1、KA2、KA3、KA7 继电器相连接,并与光伏控制器输出端并联。负载连接如图 5-1-4 所示。

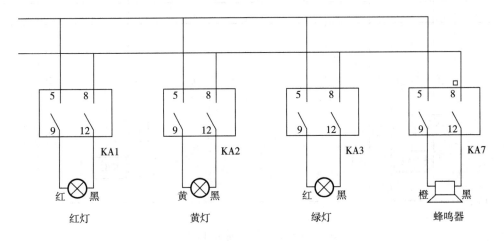

图 5-1-4 负载连接

④ 将市电分别连接到 PLC 的 L、N 端口上。从 PLC 的 24 V 接线端出线至开关按钮盘 COM 端,按键盘上的按钮 1、按钮 7、按钮 8、按钮 9 分别与 PLC 的 X0、X6、X7、X10 相连接。PLC 输入口连接如图 5-1-5 所示。

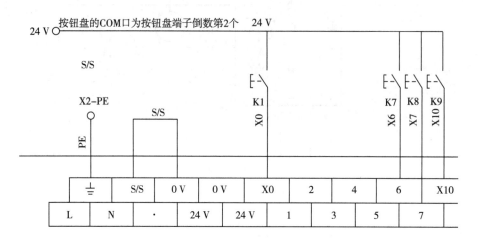

图 5-1-5 PLC 输入口连接

⑤ 从 PLC 的 Y0~Y3 接线端出线至继电器 KA1、KA2、KA3、KA4 的 13 端口,从 PLC 的 Y12、Y13、Y14 接线端出线至接触器 KM1、KM2、KM3。PLC 输出口连接如图 5-1-6 所示。

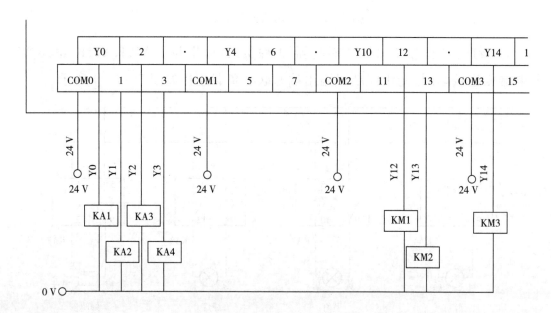

图 5-1-6 PLC 输出口连接

⑥ 将直流电压电流组合表 1 和直流电压电流组合表 2 通信口连接到侧板端子的接线排 X10(485＋,485－)端,并通过数据线接入计算机。

⑦ 编写 PLC 程序。程序梯形图如图 5－1－7 所示。

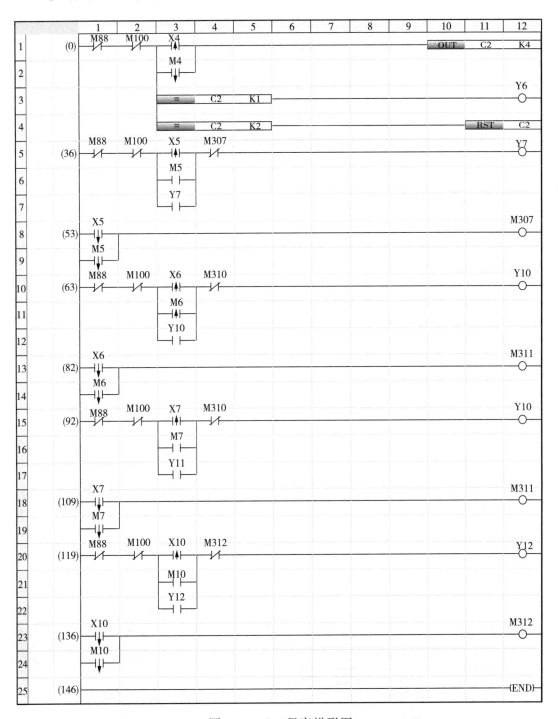

图 5－1－7　程序梯形图

程序逻辑控制功能见表 5－1－1 所列。

⑧ 连接计算机与 PLC 数据线；启动 PLC 电源，将 PLC 程序下载至 PLC 中。

三、远程监控界面编制

① 启动力控软件，新建工程项目，如图 5-1-8 所示。

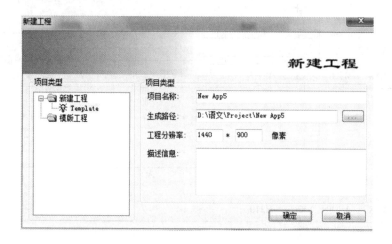

图 5-1-8　新建工程项目

② 点击"开发"按钮，进入开发环境，如图 5-1-9 所示。

③ 进入开关界面后，在配置窗口栏中点击窗口，再"新建窗口"，创建空白窗口。新建窗口如图 5-1-10 所示。

图 5-1-9　进入开发环境　　　　图 5-1-10　新建窗口

④ 创建空白窗口,进行窗口属性设置(图 5-1-11)。

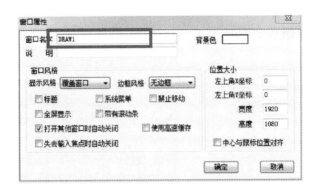

图 5-1-11　窗口属性设置

⑤ 点击菜单栏中的"工具",进入"标准图库",选择"按钮"。按钮选择如图 5-1-12所示。

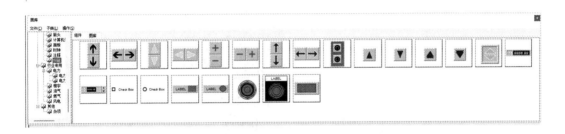

图 5-1-12　按钮选择

⑥ 在工程窗口中,点击"I/O 设备组态"进行硬件通信接口设置;描述可自定义,设备配置 1 如图 5-1-13 所示。进入后选择"三菱全系列",然后点击"下一步",进行设备配置。逻辑站号为"1",点击"完成",并关闭 I/O 配置窗口。

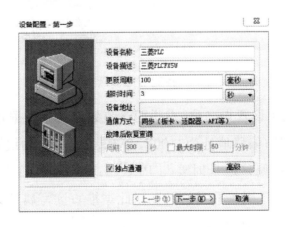

图 5-1-13　设备配置 1

⑦ 接下来配置力控软件与物理按键在 PLC 数据库中的连接。首先设置一个 PLC 内部的点,在工程窗口中点击数据库组态;进入界面后,弹出如图 5-1-14 所示的 PLC 数据库界面。

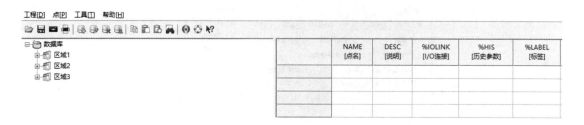

图 5-1-14　PLC 数据库界面

⑧ 选择数据库到区域 1 模块 1,在图 5-1-14 空白"点名"处,建立数据表;弹出如图 5-1-15 所示指定节点和点类型对话框,选择"数字 I/O 点",指定节点和点类型。

图 5-1-15　指定节点和点类型对话框

⑨ 在基本参数中设置点名称、点说明等参数,点击"数据连接",在 I/O 类型中选择"辅助继电器";偏移地址为"100",与 PLC 程序辅助线圈 M100 对应(注:力控开关按键在设置偏移地址时要与 PLC 程序对应,例如若开关与 PLC 程序中用辅助继电器"M6",则偏移量为"6",以此类推);读写属性设置为"读写"。数据节点设置如图 5-1-16 所示。

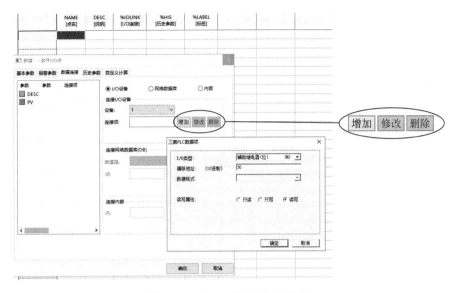

图 5-1-16 数据节点设置

⑩ 点击"确定",完成一个数据连接。数据库建立效果如图 5-1-17 所示。

图 5-1-17 数据库建立效果

⑪ 接下来完成力控软件按键属性设置。在窗口中,双击控件(按键),进入控件设置。按键属性设置如图 5-1-18 所示。

图 5-1-18 按键属性设置

⑫ 点击"变量名",选取前述"数据库"中所设置的变量内容,完成力控软件按键与物理按键的对接。数据库连接如图5-1-19所示。

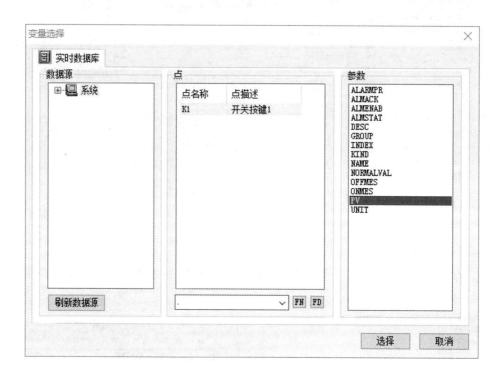

图5-1-19　数据库连接

⑬ 有时,为了标注按键功能和意义,需要在按键旁边进行文字说明或对按键名称进行定义。在菜单栏中,选择"工具"→"基本图元"→"文本",在窗口中点击"文本",再输入相关文字说明,根据任务要实现的内容,需要完成按钮1、按钮2、按钮3、按钮4等按键配置。参考力控操作界面如图5-1-20所示。

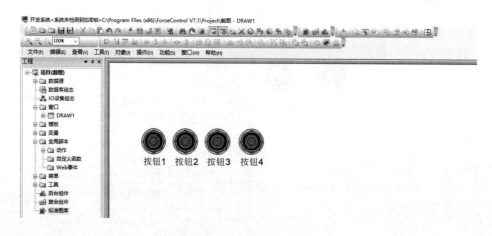

图5-1-20　参考力控操作界面

四、离网光伏工程交流远程控制系统监控界面编制

① 在工程窗口处,新建窗口,可定义"电表监控"窗口;打开新建窗口,在菜单栏中点击工具,选择"基本图元"→"文本",在窗口中点击"文本",再输入相关文字说明,可输入"直流电压表""直流电流表"等文字。同时,以同样的方法建立待显示数据文本。文本表示效果如图 5-1-21 所示。

图 5-1-21　文本表示效果

② 在工程窗口中选择 I/O 设备组态,选择"MODBUS(RTU 串行口)"。组合表通行协议选配如图 5-1-22 所示。

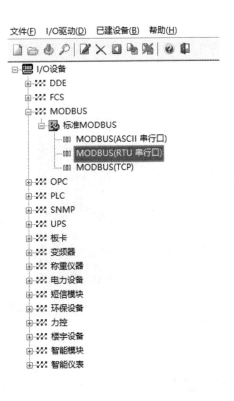

图 5-1-22　组合表通行协议选配

③ 进行 RUT 串行口参数设置。在设备地址中(出厂默认),光照传感器地址为"1",温湿度传感器地址为"2",交流电压电流组合表 1 地址为"3",交流电压电流组合表 2 地址为"4",直流电压电流组合表 1 地址为"5",直流电压电流组合表 2 地址为"6",根据所需要的电表信息设置设备地址。设备配置 2 如图 5 - 1 - 23 所示。

图 5 - 1 - 23　设备配置 2

④ 在 RUT 串口设置的第 2 步中,波特率设置为"9600";串口号根据实际计算机串口设置。设备串口设置如图 5 - 1 - 24 所示。

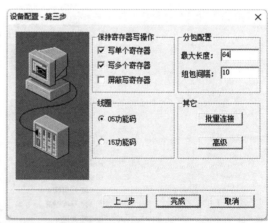

图 5 - 1 - 24　设备串口设置

⑤ 以此类推,完成所需组合表 485 通信 RUT 串口设置。

⑥ 完成数据库组态设置,在数据库区域和模块中,数据点类型选择"模拟 I/

O 点"。数据点类型如图 5-1-25 所示。

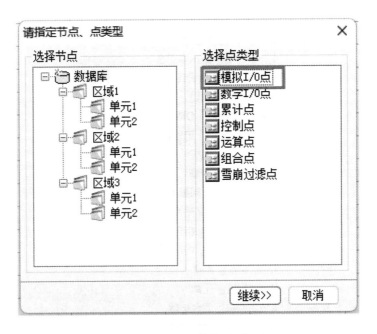

图 5-1-25 数据点类型

⑦ 进入数据点参数设置；完成基本参数和数据连接等参数设置；在组态界面图中，偏置量"37"为电压数据，电流量数据偏置量为"35"。数据点参数设置如图 5-1-26 所示。

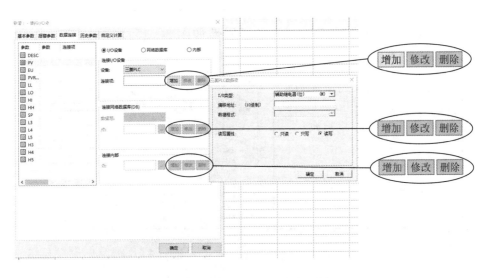

图 5-1-26 数据点参数设置

配置完成后，在"工程"窗口中，选择窗口，新建一个"电表显示"窗口。新建窗口如图 5-1-27 所示。

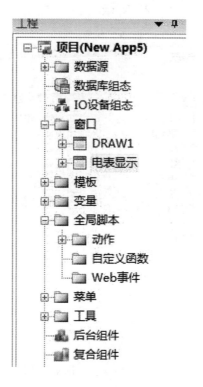

图 5 - 1 - 27　新建窗口

⑧ 以此类推,完成组合表的通信协议、数据点配置和数据库连接。根据本案例组合表的监控需求,完成组合表监控界面。

⑨ 在"电表监控"窗口,双击"##.##"文本框,弹出文本框数据连接对话框;选择"数值输出"→"模拟"。文本显示属性如图 5 - 1 - 28 所示。

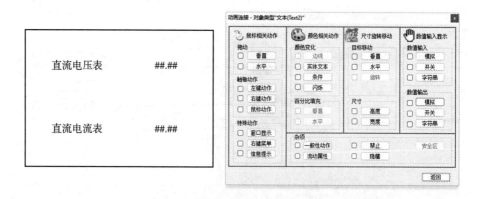

图 5 - 1 - 28　文本显示属性

⑩ 进入"变量选择"对话框,"点"处选择已经建立的数据库点,"参数"选择"PV"类型。变量选择如图 5 - 1 - 29 所示。

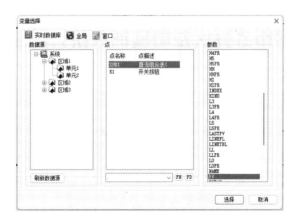

图 5-1-29　变量选择

⑪ 步骤⑨、⑩完成了一个数据监控内容；根据实际功能需求，完成其他数据库、文本属性的配置。

⑫ 离网光伏工程交流远程控制系统监控界面参考如图 5-1-30 所示。

直流组合表1	
组件电压	0.00 V
组件电流	0.00 A
组件功率	0 W

直流组合表2	
控制器电压	0.00 V
控制器电流	0.00 A
控制器功率	0.000 W

图 5-1-30　离网光伏工程交流远程控制系统监控界面参考

五、数据测试

调试系统，根据接触器和继电器状态组合，填写表 5-1-4。

表 5-1-4　数据测量表

接触器状态			继电器状态				直流电压电流组合表1		直流电压电流组合表2	
KM1	KM2	KM3	KA1	KA2	KA3	KA4	电压/V	电流/A	电压/V	电流/A

任务二 分布式光伏发电实训系统并网监控系统

🔔 任务描述

本任务主要学习分布式光伏发电实训系统并网监控系统的组成、安装与接线、运行原理、PLC编程技术,以及PLC控制技术及用按钮控制继电器的方法和单轴光伏供电系统控制方法。

⬙ 相关知识

一、体系结构图

分布式光伏发电实训系统并网监控系统体系结构如图5-2-1所示。单轴光伏供电系统通过空气开关2连接到并网逆变器的输入端;并网逆变器输出端通过单相电能表连接到交流负载,同时市电通过双向电能表与并网逆变器进行连接。当分布式光伏发电实训系统并网监控系统工作时(注:此时光伏组件电能较少由直流稳压电源代替),光伏直流电能通过并网逆变器产生交流电能,为交流负载提供电能;当光伏发电不足时,由市电进行补充;当光伏发电电能较足时,光伏发电将通过双向电能表流向市电。

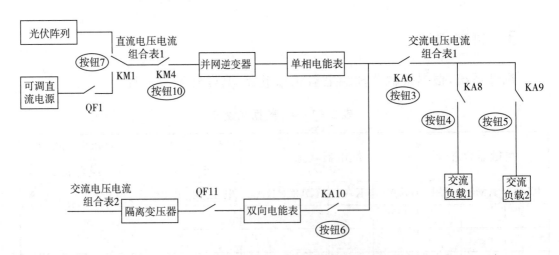

图5-2-1 分布式光伏发电实训系统并网监控系统体系结构

二、逻辑功能说明

在分布式光伏发电实训系统并网监控系统中,拟通过按键、PLC、继电器和接触器实现表 5-2-1 所列的逻辑控制功能。

表 5-2-1　逻辑控制功能

按键号	功能
按钮 3	按下按钮 3,KA6 吸合;再按按钮 3,KA6 断开。吸合表示与交流负载导通
按钮 4	按一次按钮 4,KA8 吸合,交流灯工作;再按按钮 4,KM8 断开
按钮 5	按一次按钮 5,KA9 吸合,交流风扇工作;再按按钮 5,KM9 断开
按钮 6	按一次按钮 6,KA10 吸合,与市电导通;再按按钮 6,KM10 断开
按钮 7	按下按钮 7,KM1 吸合;再按按钮 7,KM1 断开。KM1 吸合时可调直流稳压电源接入,KM1 断开时光伏单轴接入
按钮 10	按下按钮 10,KM4 吸合;再按按钮 10,KM4 断开。KM4 吸合时并网逆变器输入接通

三、远程监控界面设计

远程监控界面采用力控软件实现。远程监控界面主要分为数据采集界面和操作界面。远程监控界面设计见表 5-2-2 所列。

表 5-2-2　远程监控界面设计

数据采集界面			
直流电压电流组合表 1	电压	电流	功率
交流电压电流组合表 1	电压	电流	功率
交流电压电流组合表 2	电压	电流	功率
操作界面			
力控软件	键盘	功能	
按钮 3	按钮 3	见表 5-2-1 所列	
按钮 4	按钮 4		
按钮 5	按钮 5		
按钮 6	按钮 6		
按钮 7	按钮 7		
按钮 10	按钮 10		

任务实施

一、需求工具

工具明细见表 5-2-3 所列。

表 5-2-3　工具明细

序号	元件名称	规格	数量
1	钳形数字万用表	UT203	1 块
2	工具包	—	1 套
3	直流电压电流组合表	24 V 供电	2 块
4	交流电压电流组合表	24 V 供电	1 块
5	单相电能表	—	1 块
6	双向电能表	—	1 块
7	隔离变压器	1000 VA	1 只
8	并网逆变器	700 W	1 套
9	智能离网微逆变系统	240 W	1 套
10	可调直流稳压电源	100 V/10 A/100 W	1 只
11	空气开关	16 A	2 个
12	开关按钮盘	—	1 个
13	开关电源	24 V	1 个
14	继电器	24 V	1 个
15	交流负载	—	1 个

二、平台设备安装与连接

① 单轴光伏供电系统,为并网逆变器提供输入直流电能,完成光伏阵列与可调直流稳压电源和接触器 KM1 的连接;对接触器 KM1 输出端与直流电压电流组合表 1 进行电压、电流测量及线路连接;直流电压电流组合表 1 输出端与接触器 KM4 连接。注意:电表电源线的连接。单轴供电单元连接如图 5-2-2 所示。

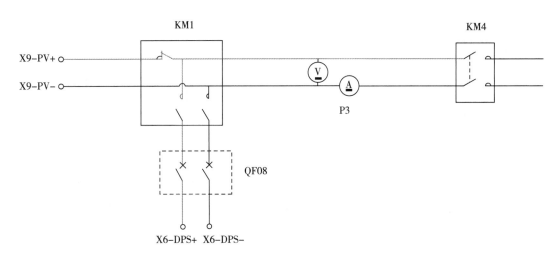

图 5 - 2 - 2　单轴供电单元连接

② 接触器 KM4 输出端与并网逆变器输入端连接,并网逆变器与单相电能表进行连接。逆变器连接如图 5 - 2 - 3 所示。

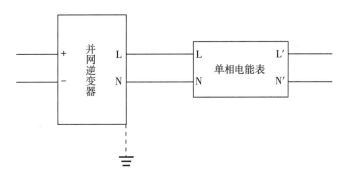

图 5 - 2 - 3　逆变器连接

③ 将单相电能表输出端连接至继电器 KA6,对继电器 KA6 再用交流电压电流组合表 1 进行电压、电流测量及线路连接,交流电压电流组合表 1 输出通过继电器 KA8 和 KA9 分别与交流灯、交流风扇连接。交流负载连接如图 5 - 2 - 4 所示。

④ 同时单相电能表输出端与继电器 KA10 连接,继电器 KA10 与双向电能表输出端连接,双向电能表输入端与空气开关 QF11 连接。市电接入如图 5 - 2 - 5 所示。

⑤ 空气开关与隔离变压器输出端连接,对总市电电源用交流电压电流组合表 2 进行电压、电流测量及线路连接,交流电压电流组合表 2 输出端与隔离变压器输入端连接。隔离变压器与双向电能表连接如图 5 - 2 - 6 所示。

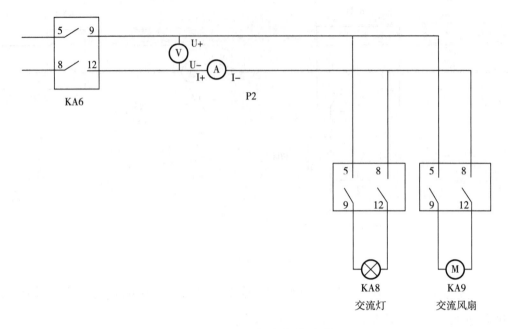

图 5-2-4 交流负载连接

图 5-2-5 市电接入

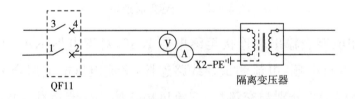

图 5-2-6 隔离变压器与双向电能表连接

⑥ 将市电分别连到 PLC 的 L 端口、N 端口上。从 PLC 的 24 V 接线端出线至开关按钮盘 COM 端,按键盘的按钮 3、按钮 4、按钮 5、按钮 6 分别与 PLC 的 X2、X3、X4、X5 连接。PLC 输入连接如图 5-2-7 所示。

⑦ 从 PLC 的 Y5、Y7、Y10、Y11 接线端出线至继电器 KA6、KA8、KA9、KA10 的 13 端口,从 PLC 的 Y12、Y15 接线端出线至接触器 KM1、KM4。PLC 输出连接如图 5-2-8 所示。

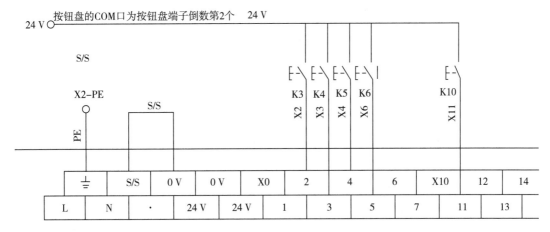

图 5-2-7 PLC 输入连接

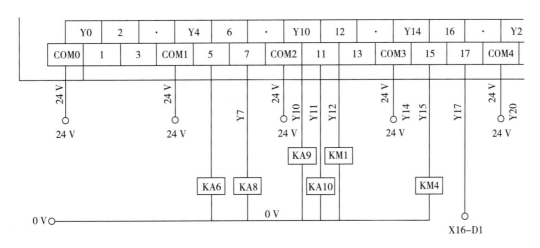

图 5-2-8 PLC 输出连接

⑧ 将直流电压电流组合表1、交流电压电流组合表1和交流电压电流组合表2的通信口连接到侧板端子的接线排 X10(485＋,485－)端,并通过数据线接入计算机。

⑨ 编写 PLC 程序。继电器/接触器与 PLC 关系见表 5-2-4 所列,梯形图如图 5-2-9 所示。

表 5-2-4 继电器/接触器与 PLC 关系

Y5	KA6		Y12	KM1
Y7	KA8		Y15	KM4
Y10	KA9			
Y11	KA10			

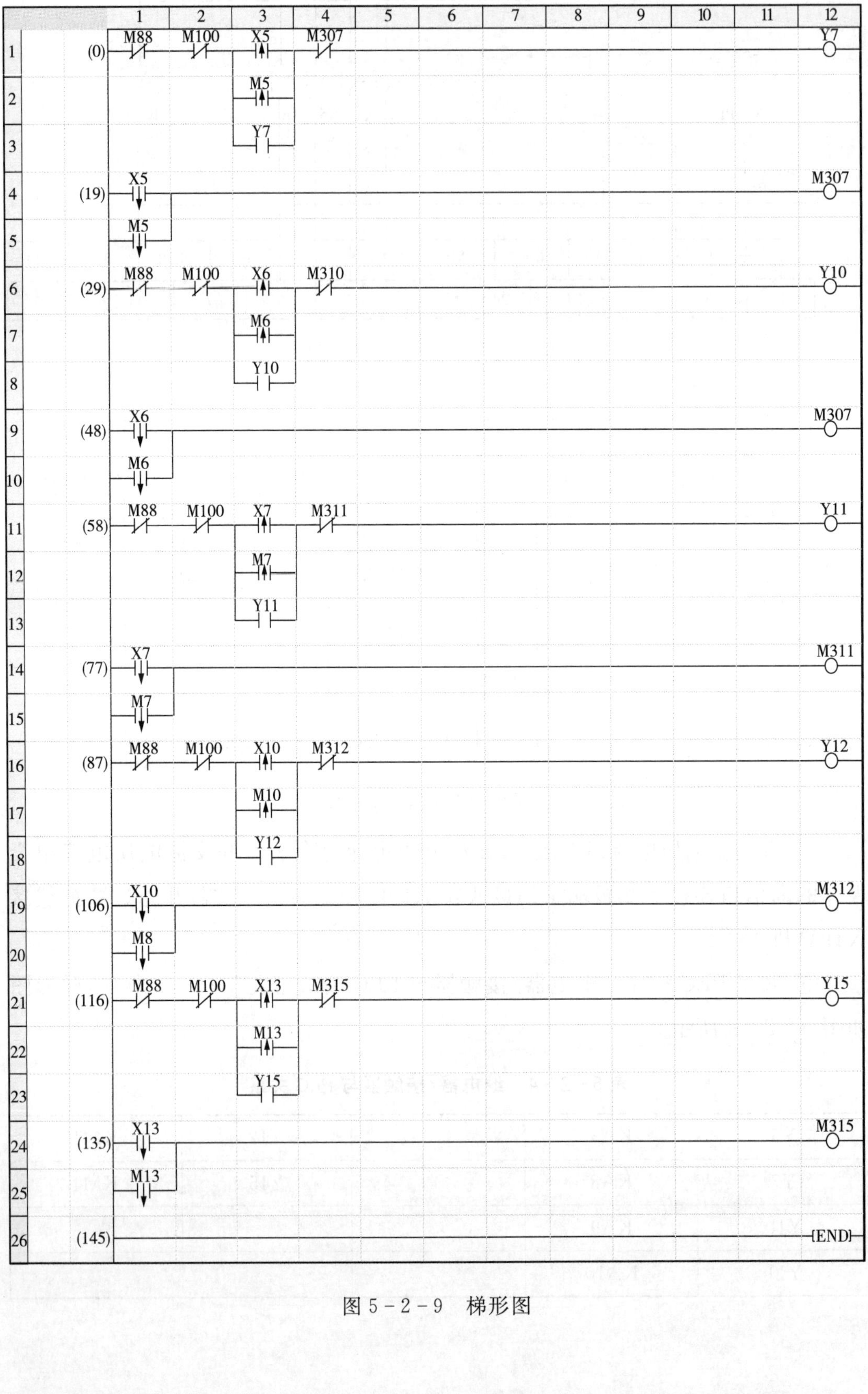

图 5-2-9 梯形图

三、远程力控操作界面编制

① 启动力控软件,新建工程项目,如图 5 - 2 - 10 所示。

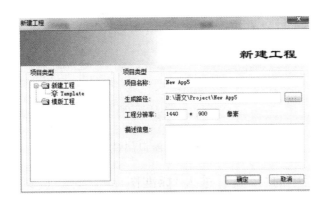

图 5 - 2 - 10　新建工程项目

② 点击"开发"按钮,进入开发环境,如图 5 - 2 - 11 所示。

图 5 - 2 - 11　进入开发环境

③ 进入开发环境后,在配置窗口栏中点击窗口,再点击"新建窗口",创建空白窗口,如图 5 - 2 - 12 所示。

图 5 - 2 - 12　创建空白窗口

④ 创建空白窗口后,进行窗口属性设置,如图 5 - 2 - 13 所示。

图 5 - 2 - 13　窗口属性设置

⑤ 点击菜单栏中的"工具",进入"标准图库",选择"按钮"。按钮选择如图 5 - 2 - 14 所示。

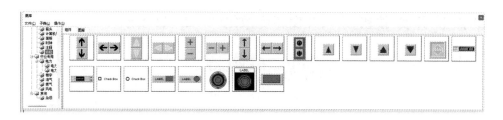

图 5 - 2 - 14　按钮选择

⑥ 在工程窗口中,点击"I/O 设备组态"进行硬件通信接口设置;进入后选择"三菱全系列";然后进行设备配置,设备名称、设备描述可自定义;点击"下一步",进行"设备配置-第二步";逻辑站号为"1"。上述操作完成后,点击"完成",并关闭配置 I/O 窗口。设备配置 1 如图 5 - 2 - 15 所示。

图 5 - 2 - 15　设备配置 1

⑦ 接下来配置力控软件与物理按键在 PLC 数据库中的连接。首先设置一个 PLC 内部的点，在工程窗口中点击"数据库组态"；进入界面后，弹出如图 5-2-16 所示 PLC 数据库界面。

图 5-2-16　PLC 数据库界面

⑧ 选择数据库到"区域1""模块1"，在图 5-2-16 空白"点名"处，建立数据表，弹出如图 5-2-17 所示指定节点和点类型对话框，选择"数字 I/O 点"，指定节点和点类型。

图 5-2-17　指定节点和点类型对话框

⑨ 在"基本参数"中设置点名称、点说明等参数，点击"数据连接"，在"I/O 类型"中选择"辅助继电器（位）"，偏移地址为"100"，与 PLC 程序辅助线圈 M100 对应（注：对力控开关按键设置偏移地址时要与 PLC 程序对应，例如开关与 PLC 程序中用辅助继电器"M8"，则偏移量为"8"，以此类推），"读写属性"设置为"读写"。数据节点设置如图 5-2-18 所示。

⑩ 点击"确定",完成一个数据连接。数据库建立效果如图5-2-19所示。

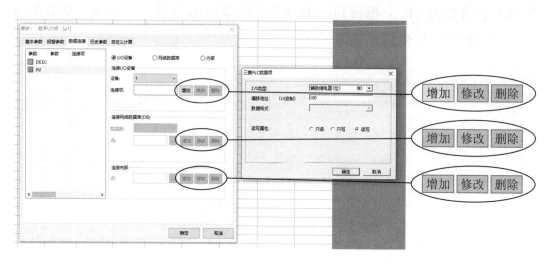

图5-2-18 数据节点设置

图5-2-19 数据库建立效果

⑪ 接下来完成力控软件按键属性设置。在窗口中,双击控件(按键),进入控件设置(图5-2-20)。

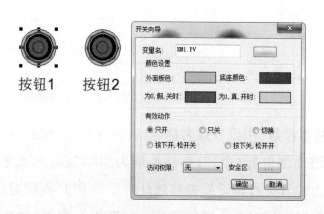

图5-2-20 控件设置

点击"变量名",选取前述数据库中所设置的变量内容,完成力控软件按键与物理按键的对接。数据库连接如图 5-2-21 所示。

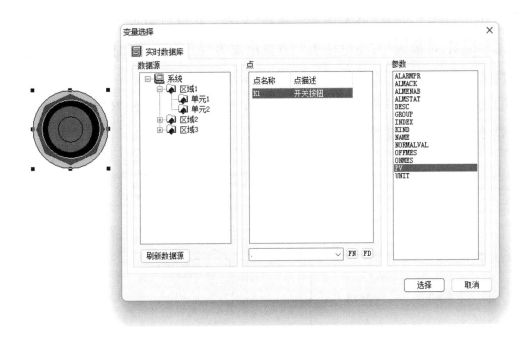

图 5-2-21　数据库连接

⑫ 有时,为了标注按键功能和意义,需要在按键旁边进行文字说明或对按键名称进行定义。在菜单栏中,选择"工具",选择"基本图元",选择"文本",在窗口中点击"文本",再输入相关文字说明;根据任务要实现内容,需要完成按钮1、按钮2、按钮3、按钮4等按键配置。参考力控操作界面如图 5-2-22 所示。

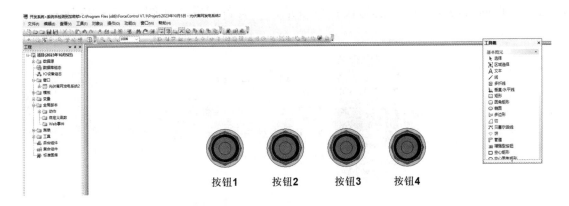

图 5-2-22　参考力控操作界面

四、分布式光伏发电实训系统并网监控系统界面编制

① 在工程窗口处,新建窗口,可定义"电表监控"窗口;打开新建窗口,在菜单栏中点击"工具",选择"基本图元",选择"文本",在窗口中点击"文本",再输入相关文字说明,可输入"直流电压表""直流电流表"等文字。同时,以同样的方法建立待显示数据文本。效果如图 5-2-23 所示。

② 在工程窗口中,选择 I/O 设备组态,选择"MODBUS(RTU 串行口)"。组合表通行协议选配如图 5-2-24 所示。

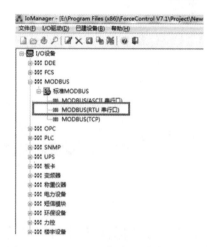

图 5-2-23　效果　　　　　　图 5-2-24　组合表通行协议选配

③ 进行 RUT 串行口参数设置。在设备地址中(出厂默认)光照传感器地址为"1",温湿度传感器地址为"2",交流电压电流组合表 1 地址为"3",交流电压电流组合表 2 地址为"4",直流电压电流组合表 1 地址为"5",直流电压电流组合表 2 地址为"6";根据所需要的电表信息设置设备地址。设备配置 2 如图 5-2-25 所示。

图 5-2-25　设备配置 2

④ 在 RUT 串口设置的第 2 步中，波特率设置为"9600"；串口号根据实际计算机串口设置。设备串口设置如图 5 - 2 - 26 所示。

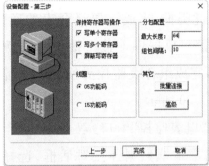

图 5 - 2 - 26　设备串口设置

⑤ 以此类推，完成所需组合表 485 通信 RUT 串口设置。

⑥ 完成数据库组态设置，在数据库区域、模块中，数据点类型选择"模拟 I/O 点"，数据点类型如图 5 - 2 - 27 所示。

⑦ 进入数据点参数设置（图 5 - 2 - 28），完成基本参数和数据连接等参数设置；在组态界面图中，偏置量"37"为电压数据，电流量数据偏置量为"35"。

图 5 - 2 - 27　数据点类型

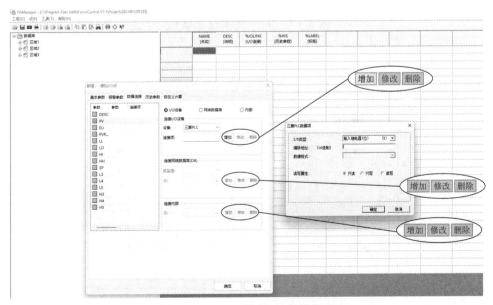

图 5 - 2 - 28　数据点参数设置

⑧ 配置完成后，在"工程"窗口中，点击"窗口"，新建一个"电表显示"窗口。新建窗口如图 5-2-29 所示。

⑨ 以此类推，完成需要组合表的通信协议、数据点配置和数据库连接。根据本案例组合表监控需求，完成组合表监控界面。文本显示属性如图 5-2-30 所示。

⑩ 在"电表监控"窗口，双击"＃＃.＃＃"文本框，弹出文本框数据连接对话框，选择数值输出和模拟。

⑪ 然后进入"变量选择"对话框，在"点"栏中选择已经建立的数据库点，在"参数"栏中选择"PV"类型。变量选择如图 5-2-31 所示。

图 5-2-29　新建窗口

图 5-2-30　文本显示属性

图 5-2-31　变量选择

⑫ 步骤⑩、⑪完成了一个数据监控内容。根据实际功能需求,完成其他数据库、文本属性的配置。

⑬ 离网光伏工程交流远程控制系统监控界面参考如图5-2-32所示。

直流电压电流组合表1		交流电压电流组合表1		交流电压电流组合表2	
组件电压	0.00 V	离网逆变器电压	0.00 V	离网逆变器电压	0.00 V
组件电流	0.00 A	离网逆变器电流	0.00 A	离网逆变器电流	0.00 A
组件功率	0 W	离网逆变器功率	0.00 W	离网逆变器功率	0.00 W

图5-2-32 离网光伏工程交流远程控制系统监控界面参考

五、数据测试

调试系统,根据接触器和继电器状态组合,填写测量数据(表5-2-5)。

表5-2-5 测量数据

接触器状态		继电器状态				直流电压电流组合表		交流电压电流组合表1		交流电压电流组合表2	
KM1	KM4	KA6	KA8	KA9	KA10	V	I	V	I	V	I

任务三 分布式光伏发电实训系统离并网混合监控系统

🔔 任务描述

本任务将要学习分布式光伏发电实训系统离并网混合监控系统的组成、安装与接线;了解可编程逻辑控制器的控制原理,并熟练编程;了解PLC控制技术及用按钮控制继电器的方法;了解单轴光伏供电系统控制方法;了解分布式光伏发电实训系统离并网混合监控系统PLC编程技术。

💎 **相关知识**

一、系统结构

分布式光伏发电实训系统离并网混合监控系统如图 5-3-1 所示。单轴光伏供电系统通过空气开关 1(QF1)、KM4 连接到并网逆变器的输入端;单轴光伏供电系统通过空气开关 1(QF1)连接到光伏控制器的输入端;蓄电池组通过空气开关 2(QF2)连接到光伏控制器输入端;光伏控制器输出端直接与逆变器功率源输入端连接;逆变器输出端连接到"交流灯"和"交流风扇"交流负载上。

并网逆变器输出端通过单相电能表连接到交流负载上,同时市电通过双向电能表与并网逆变器进行连接。当光伏工程并网系统工作时(注:此时光伏组件电能较少,由直流稳压电源代替),光伏直流电能通过并网逆变器产生交流电能,为交流负载提供电能。

当光伏并网逆变器发电不足时,由市电进行补充;当光伏发电电能较足时,光伏发电将通过双向电能表流向市电。当市电发生故障时,离网逆变器启动继续为负载供电。

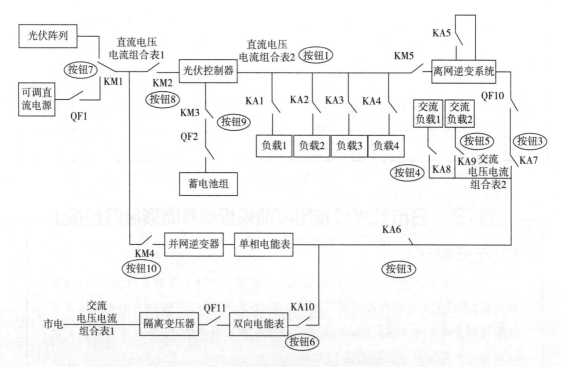

图 5-3-1 分布式光伏发电实训系统离并网混合监控系统

二、系统运行逻辑功能说明

在分布式光伏发电实训系统离并网混合监控系统中，拟通过按键、PLC、继电器和接触器实现表5-3-3所列逻辑控制功能。

三、远程监控界面设计

远程监控界面采用力控软件实现。远程监控界面主要分为数据采集界面和操作界面。远程监控界面数据见表5-3-1所列。

表5-3-1 远程监控界面数据

数据采集界面			
直流电压电流组合表1	电压	电流	功率
直流电压电流组合表2	电压	电流	功率
交流电压电流组合表1	电压	电流	功率
交流电压电流组合表2	电压	电流	功率
操作界面			
力控软件键盘	功能		
按钮1	按钮1	见表5-2-1所列	
按钮2	按钮2		
按钮3	按钮3		
按钮4	按钮4		
按钮5	按钮5		
按钮6	按钮6		
按钮7	按钮7		
按钮8	按钮8		
按钮9	按钮9		
按钮10	按钮10		

🔧 任务实施

一、需求工具

工具明细见表5-3-2所列。

表 5-3-2　工具明细

序号	元件名称	规格	数量
1	钳形数字万用表	UT203	1 块
2	工具包	—	1 套
3	直流电压电流组合表	24 V 供电	2 块
4	交流电压电流组合表	24 V 供电	1 块
5	离网微逆变器系统	240 W	1 套
6	空气开关	16 A	2 个
7	开关按钮盘	—	1 个
8	开关电源	24 V	1 个
9	继电器	24 V	4 个
10	光伏组件	12 V/24 V	4 块
11	光伏控制器	16 A	1 只
12	三菱	FX50-64MR-E PLC	1 台

二、平台设备安装与连接

① 光伏阵列（正极、负极）分别与继电器 KM1 的 31NC、21NC 连接；可调电源通过空气开关与接触器 KM1 的 L3 和 L1 连接；对接触器与直流电压电流组合表 1 进行电压、电流测量及线路连接（注意：电表电源线的连接）；直流电压电流组合表 1 与接触器 KM2 连接。单轴平台输出端接线原理如图 5-3-2 所示。

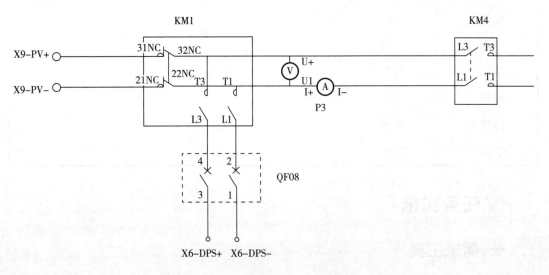

图 5-3-2　单轴平台输出端接线原理

② 接触器 KM4 连接光伏控制器输入端;蓄电池组通过空气开关和接触器 KM3 连接到光伏控制器蓄电池输入端;将光伏控制器输出端连接到直流电压电流组合表 2 上,进行电压、电流测量及线路连接(注意:电表电源线的连接)。光伏控制器连接如图 5 - 3 - 3 所示。

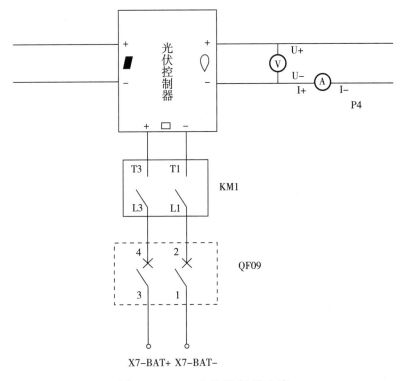

图 5 - 3 - 3　光伏控制器连接

③ "红灯""黄灯""绿灯""蜂鸣器"4 种负载,分别与 KA9、KA6、KA8、KA7 继电器连接,并与光伏控制器输出端并联。负载连接如图 5 - 3 - 4 所示。

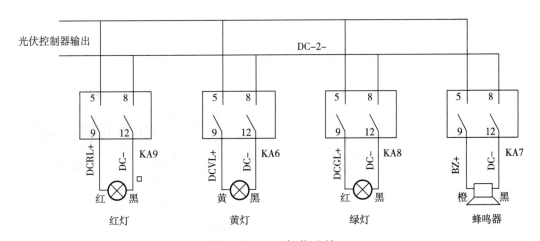

图 5 - 3 - 4　负载连接

④ 将光伏控制器输出端连接到接触器 KM5 上,并通过接触器连接到离网逆变器输入端;同时 24 V 电源通过接触器 KA6 与离网逆变器电源端连接;离网逆变器启动按键(信号)通过继电器 KA5 连接;离网逆变器输出端通过空气开关9(QF9)和继电器 KA7 连接。离网逆变器连接如图 5-3-5 所示。

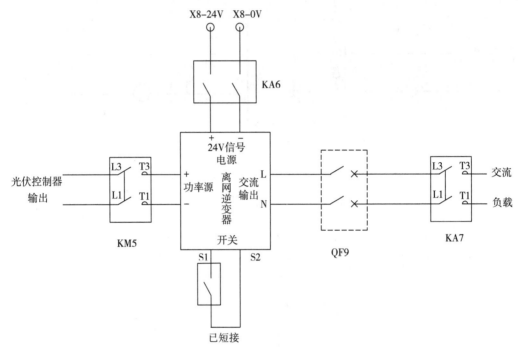

图 5-3-5　离网逆变器连接

⑤ 对继电器 KA6 输出用交流电压电流组合表 1 进行电压、电流测量及线路连接;交流电压电流组合表 1 输出端分别与继电器 KA8、KA9 连接;继电器 KA8、KA9 输出端与交流灯和交流风扇连接。交流负载连接如图 5-3-6 所示。

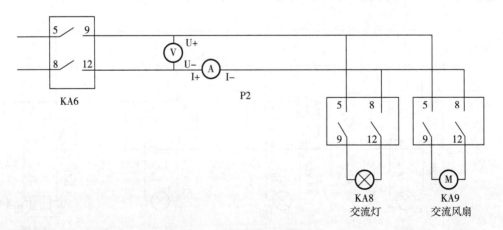

图 5-3-6　交流负载连接

⑥ 直流电压电流组合表 1 输出端与接触器 KM4 连接(注意电表电源线的连接)。单轴供电单元系统连接如图 5-3-7 所示。

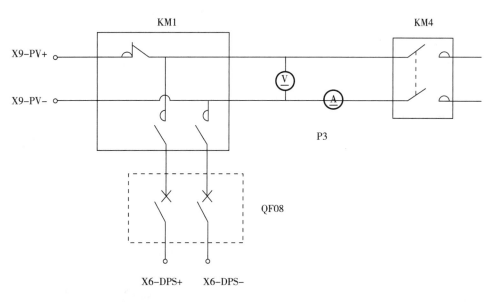

图 5-3-7　单轴供电单元系统连接

⑦ 接触器 KM4 输出端与并网逆变器输入端连接,并网逆变器与单相电能表连接,单相电能表输出电能。并网逆变器连接如图 5-3-8 所示。

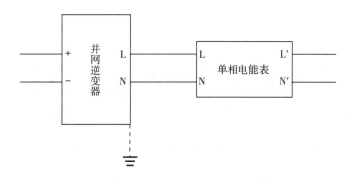

图 5-3-8　并网逆变器连接

⑧ 将单相电能表输出端连接至继电器 KA6,再对继电器 KA6 用交流电压电流组合表 1 进行电压、电流测量及线路连接;交流电压电流组合表 1 输出端通过继电器 KA8 和 KA9 分别与交流灯、交流风扇连接。交流负载连接如图 5-3-9 所示。

⑨ 同时单相电能表输出端与继电器 KA10 连接,继电器 KA10 与双向电能表输出端连接,双向电能表输入端与空气开关 QF11 连接。

⑩ 空气开关与隔离变压器输出端连接;对总市电电源,用交流电压电流组合表 2 进行电压、电流测量及线路连接;交流电压电流组合表 2 输出端与隔离变压器输入端连接。隔离变压器与双向电能表的连接如图 5-3-10 所示。

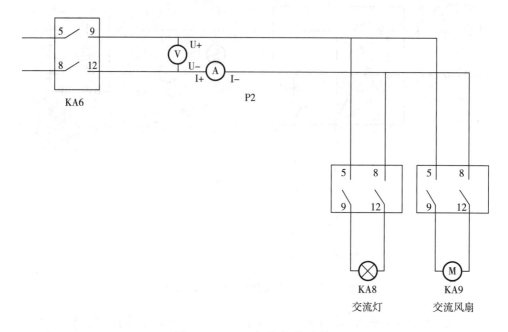

图 5-3-9 交流负载连接

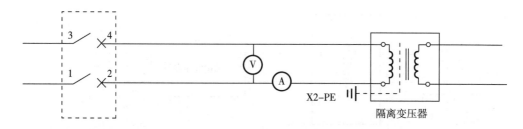

图 5-3-10 隔离变压器与双向电能表的连接

⑪ 将市电分别连接到 PLC 的 L 端口、N 端口上。从 PLC 的 24 V 接线端出线至开关按钮盘 COM 端,按键盘上的按钮 1、按钮 2、按钮 3、按钮 4、按钮 5、按钮 6、按钮 7、按钮 8、按钮 9、按钮 10、按钮 11、按钮 12 分别与 PLC 的 X0、X1、X2、X3、X4、X5、X6、X7、X10、X11、X12、X13 连接。PLC 输入端连接如图 5-3-11 所示。

⑫ 从 PLC 的 Y0、Y1、Y2、Y3、Y4、Y5、Y6、Y7、Y10、Y11 接线端出线至继电器 KA1、KA2、KA3、KA4、KA5、KA6、KA7、KA8、KA9、KA10 的 13 端口,从 PLC 的 Y12、Y13、Y14、Y15、Y16 接线端出线至接触器 KM1、KM2、KM3、KM4、KM5。PLC 输出端连接如图 5-3-12 所示。

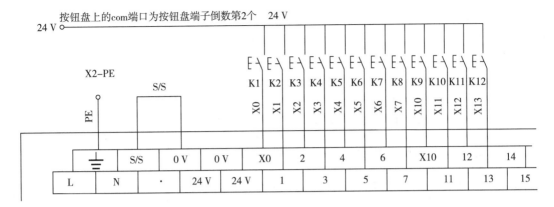

图 5 - 3 - 11 PLC 输入端连接

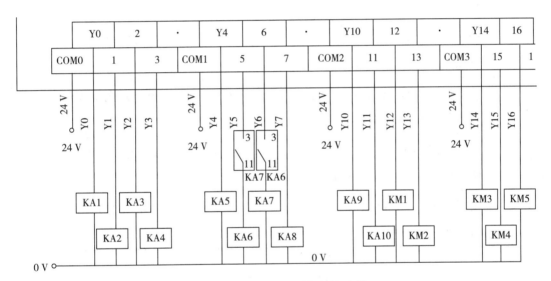

图 5 - 3 - 12 PLC 输出端连接

⑬ 将直流电压电流组合表 1、直流电压电流组合表 2、交流电压电流组合表 1 和交流电压电流组合表 2 的通信口连接到侧板端子的接线排 X10（485＋，485－）端，并通过数据线接入计算机。

⑭ 程序逻辑功能见表 5 - 3 - 3 所列，PLC、按键逻辑关系见表 5 - 3 - 4 所列，梯形图如图 5 - 3 - 13 所示。

表 5 - 3 - 3 程序逻辑功能

按键号	功能
按钮 1	按一次按钮 1，KA1 吸合；再按一次按钮 1，KA2 吸合、KA1 断开；再按一次按钮 1，KA3 吸合、KA2 断开；再按一次按钮 1，KA4 吸合、KA3 断开；再按一次按钮 1，KA4 断开。（循环）

（续表）

按键号	功能
按钮 2	离网供电开关打开、离网输入接入；KA5 和 KM5 吸合，再按一次两个断开。
按钮 3	并/离网切换，按 1 次按钮 3，KA6 吸合，KA7 断开，为分布式并网光伏系统；再按一次按钮 3，KA7 吸合，KA6 断开，为离网光伏系统
按钮 4	按下按钮 4，KA8 吸合；再按按钮 4，KA8 断开
按钮 5	按下按钮 5，KA9 吸合；再按按钮 5，KA9 断开
按钮 6	按下按钮 6，KA10 吸合；再按按钮 6，KA10 断开。KA10 吸合时，并网线路市电接入
按钮 7	按下按钮 7，KM1 吸合；再按按钮 7，KM1 断开。KM1 吸合时可调直流稳压电源接入，KM1 断开时光伏单轴接入
按钮 8	按下按钮 8，KM2 吸合；再按按钮 8，KM2 断开。KM2 吸合时光伏控制器的组件输入得电，为蓄电池充电
按钮 9	按下按钮 9，KM3 吸合；再按按钮 9，KM3 断开。KM3 吸合时蓄电池接入，为光伏控制器供电，光伏控制器正常工作
按钮 10	按下按钮 10，KM4 吸合；再按按钮 10，KM4 断开。KM4 吸合时并网逆变器输入接通

表 5-3-4　PLC、按键逻辑关系

Y0	KA1		Y10	KA9
Y1	KA2		Y11	KA10
Y2	KA3		Y12	KM1
Y3	KA4		Y13	KM2
Y4	KA5		Y14	KM3
Y5	KA6		Y15	KM4
Y6	KA7		Y16	KM5
Y7	KA8			

⑮ 连接计算机与 PLC 数据线；启动 PLC 电源，将 PLC 程序下载至 PLC 中。

		1	2	3	4	5	6	7	8	9	10	11	12
1	(0)	X0 ─┤├─									ZRST	Y0	Y100
2		M0 ─┤├─									ZRST	M0	M100
3											ZRST	C1	C3
4													M88 ─○
5	(19)	X1 ─┤├─											M100 ─○
6		M1 ─┤├─											
7	(25)	X1 ─┤/├─									ZRST	C1	C3
8		M1 ─┤↑├─											
9	(38)	M100 ─┤/├─	M88 ─┤/├─	X2 ─┤↑├─							OUT	C1	K5
10				M2 ─┤↑├─									
11				=	C1	K1							Y0 ─○
12				=	C1	K2							Y1 ─○
13				=	C1	K3							Y2 ─○
14				=	C1	K4							Y3 ─○
15				=	C1	K5						RST	C1
16	(98)	M100 ─┤/├─	M88 ─┤/├─	X3 ─┤↑├─	M304 ─┤/├─								Y4 ─○
17				M3 ─┤↑├─									Y16 ─○
18				Y4 ─┤├─									
19	(121)	X3 ─┤↑├─											M304 ─○
20		M3 ─┤├─											
21	(131)	M100 ─┤/├─	M88 ─┤/├─	X4 ─┤↑├─							OUT	C2	K4
22				M4 ─┤↑├─									
23				=	C2	K1							Y5 ─○
24				=	C2	K2							Y6 ─○
25				=	C2	K3						RST	C2
26	(175)	M88 ─┤↑├─	M100 ─┤/├─	X5 ─┤↑├─	M307 ─┤/├─								Y7 ─○

		1	2	3	4	5	6	7	8	9	10	11	12
27				M5 ‑↑‑									
28				Y7 ‑| |‑									
29	(194)	X5 ‑↓‑											M307 ‑○‑
30		M5 ‑↓‑											
31	(204)	M88 ‑|/|‑	M100 ‑|/|‑	X6 ‑↓‑	M310 ‑|/|‑								Y10 ‑○‑
32				M6 ‑↑‑									
33				Y10 ‑| |‑									
34	(223)	X6 ‑↓‑											M310 ‑○‑
35		M6 ‑↓‑											
36	(233)	M88 ‑|/|‑	M100 ‑|/|‑	X7 ‑↓‑	M311 ‑|/|‑								Y11 ‑○‑
37				M7 ‑↑‑									
38				Y11 ‑| |‑									
39	(252)	X7 ‑↓‑											M311 ‑○‑
40		M7 ‑↓‑											
41	(262)	M88 ‑|/|‑	M100 ‑|/|‑	X10 ‑↑‑	M312 ‑|/|‑								Y12 ‑○‑
42				M10 ‑↑‑									
43				Y12 ‑| |‑									
44	(281)	X10 ‑| |‑											M312 ‑○‑
45		M10 ‑| |‑											
46	(291)	M88 ‑|/|‑	M100 ‑|/|‑	X11 ‑↑‑	M313 ‑|/|‑								Y13 ‑○‑
47				M11 ‑↑‑									
48				Y13 ‑| |‑									
49	(310)	X11 ‑| |‑											M313 ‑○‑
50		M11 ‑| |‑											
51	(320)	M88 ‑|/|‑	M100 ‑|/|‑	X12 ‑| |‑	M314 ‑|/|‑								Y14 ‑○‑
52				M12 ‑↑‑									

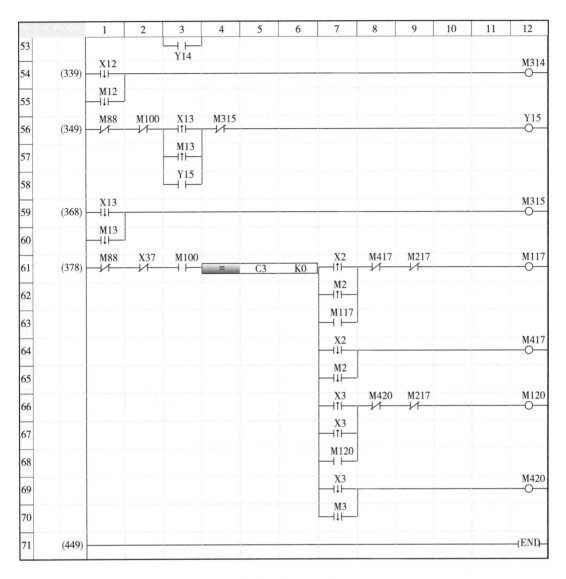

图 5 - 3 - 13 梯形图

三、远程力控按键操作界面编制

① 启动力控软件,新建工程项目,如图 5 - 3 - 14 所示。

② 点击"开发"按钮,进入开发环境,如图 5 - 3 - 15 所示。

③ 进入开发界面后,在配置窗口栏中,点击"窗口",在"新建窗口"中,创建空白窗口,如图 5 - 3 - 16 所示。

④ 创建空白窗口后,进行窗口属性设置(图 5 - 3 - 17)。

⑤ 点击菜单栏中的"工具",进入"标准图库",选择"按钮"。按钮选择如图 5 - 3 - 18 所示。

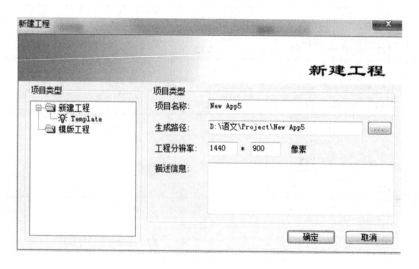

图 5 - 3 - 14 新建工程项目

图 5 - 3 - 15 进入开发环境

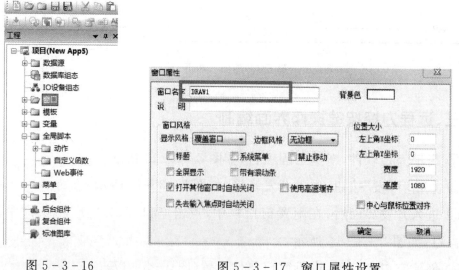

图 5 - 3 - 16
创建空白窗口

图 5 - 3 - 17 窗口属性设置

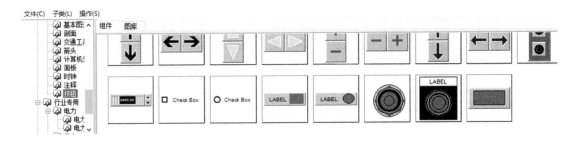

图 5-3-18　按钮选择

⑥ 在工程窗口中,点击"I/O设备组态"进行硬件通信接口设置;进入后选择"三菱全系列";然后进行设备配置,"设备名称""设备描述"可自定义,设备配置1如图 5-3-19 所示;点击"下一步",进行设备配置第 2 步;逻辑站号为"1",点击"完成",并关闭 I/O 配置窗口。

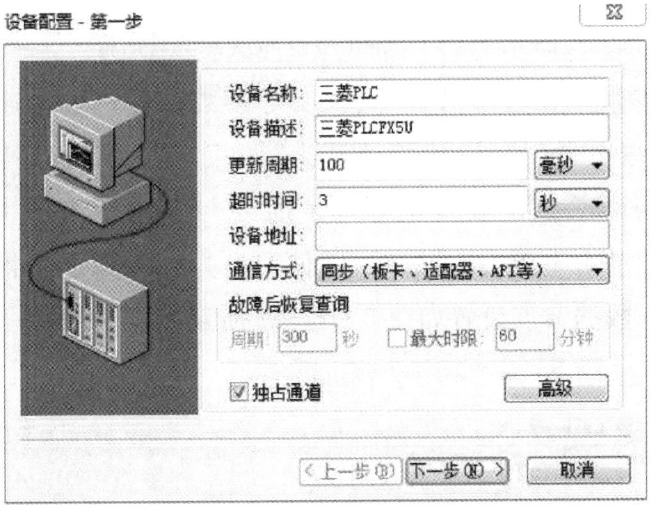

图 5-3-19　设备配置1

⑦ 接下来配置力控软件与物理按键在 PLC 数据库中的连接。首先设置一个 PLC 内部的点,在工程窗口中点击"数据库组态";进入界面后,弹出如图 5-3-20所示 PLC 数据库界面。

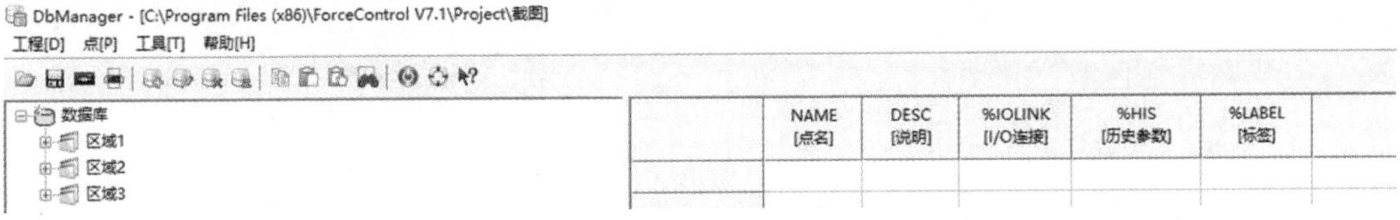

图 5-3-20　PLC 数据库界面

⑧ 选择数据库到区域 1、模块 1,在图 5-3-21 空白"点名"处,建立数据表;弹出如图 5-3-21 所示的指定节点和点类型对话框,选择"数字 I/O 点",指定节点和点类型。

图 5-3-21　指定节点和点类型对话框

⑨ 在基本参数中设置点名称、点说明等参数;点击"数据连接",在 I/O 类型中选择"辅助继电器(位)";偏移地址为"100",与 PLC 程序辅助线圈 M100 对应(注:对力控开关按键设置偏移地址时要与 PLC 程序对应,例如开关在 PLC 程序中用辅助继电器"M3"表示,则偏移量为"3",以此类推),"读写属性"设置为"读写"。数据节点设置如图 5-3-22 所示。

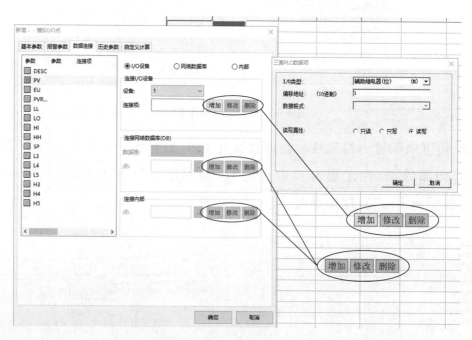

图 5-3-22　数据节点设置

⑩ 点击"确定"，完成一个数据连接。数据库建立效果如图 5-3-23 所示。

	NAME [点名]	DESC [说明]	%IOLINK [I/O连接]	%HIS [历史参数]	%LABEL [标签]
1	K3	开关控制键1			报警未打开

图 5-3-23　数据库建立效果

⑪ 接下来完成力控软件按键属性设置。在窗口中，双击控件（按键），进入控件设置。按键属性设置如图 5-3-24 所示。

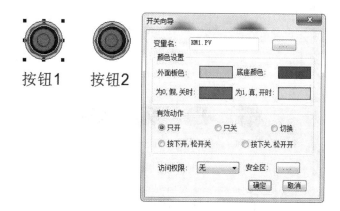

图 5-3-24　按键属性设置

点击"变量名"，选取前述数据库中所设置的变量内容，完成力控软件按键与物理按键的对接。数据库连接如图 5-3-25 所示。

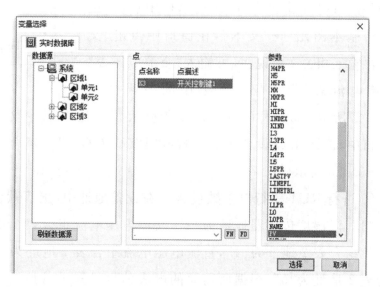

图 5-3-25　数据库连接

⑫ 有时,为了标注按键功能和意义,需要在按键旁边进行文字说明或对按键名称进行定义;在菜单栏中,选择"工具"→"基本图元"→"文本",在窗口中点击"文本",再输入相关文字说明;根据任务要实现内容,需要完成按扭1、按扭2、按扭3、按扭4等按键配置。远程力控按键操作界面如图5-3-26所示。

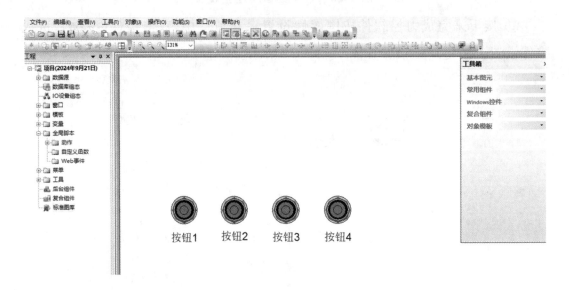

图 5-3-26 远程力控按键操作界面

四、远程力控组合表数据采集监控界面编制

① 在工程窗口处,新建窗口,可定义为"电表监控"窗口;打开新建窗口,在菜单栏中点击"工具"→"基本图元"→"文本",在窗口中点击"文本",再输入相关文字说明,可输入"直流电压表""直流电流表"等文字。文字说明效果如图

图 5-3-27 文字说明效果

5-3-27所示。以同样的方法建立待显示数据文本,其中文本不用编辑。在工程窗口中,选择"I/O设备组态",选择"RTU串行口"。组合表通行协议选配如图5-3-28所示。

② 进行RUT串行口参数设置。在设备地址中(出厂默认),光照传感器地址为"1",温湿度传感器地址为"2",交流电压电流组合表1地址为"3",交流电压电流组合表2地址为"4",直流电压电流组合表1地址为"5",直流电压电流组合表2地址为"6";根据所需要的电表信息设置设备地址。设备配置2如图5-3-29所示。

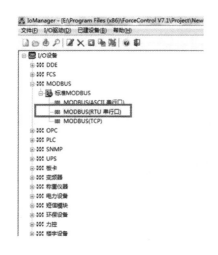

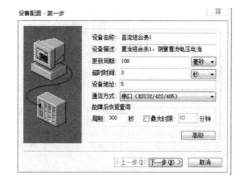

图 5-3-28 组合表通行协议选配　　　　图 5-3-29 设备配置 2

③ 在 RUT 串口设置的第 2 步中,波特率设置为"9600";串口号根据实际计算机串口设置。设备串口设置如图 5-3-30 所示。

图 5-3-30 设备串口设置

④ 以此类推,完成所需组合表 485 通信 RUT 串口设置。

⑤ 完成数据库组态设置,在数据库区域和模块中,"选择点类型"→"模拟 I/O 点"。数据点类型如图 5-3-31 所示。

⑥ 进入数据点参数设置。完成基本参数和数据连接等参数设置;在组态界面图中,偏置量"37"为电压数据,电流量数据偏置量为"35"。数据点参数设置如图 5-3-32 所示。

⑦ 配置完成组合表后,在"工程"窗口中选择"窗口",新建一个"电表显示"窗口。新建窗口如图 5-3-33 所示。

⑧ 以此类推,完成需要组合表的通信协议、数据点配置和数据库连接。根

据本案例并结合监控需求,完成组合表监控界面。

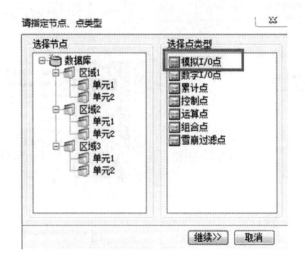

图 5 - 3 - 31 数据点类型

图 5 - 3 - 32 数据点参数设置

图 5 - 3 - 33 新建窗口

⑨ 在"电表监控"窗口,双击"♯♯.♯♯"文本框,弹出文本框数据连接对话框;选择"数值输出"→"模拟"。文本显示属性如图 5 - 3 - 34 所示。

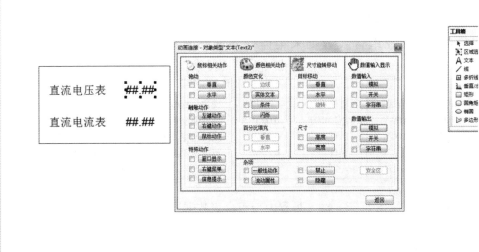

图 5-3-34 文本显示属性

⑩ 然后进入变量选择对话框（图 5-3-35），在"点"处选择已经建立的数据库点，"参数"选择"PV"类型。

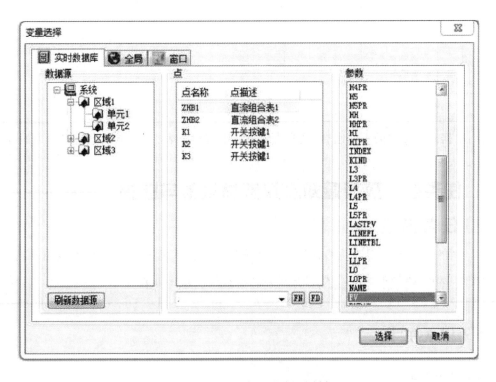

图 5-3-35 变量选择对话框

⑪ 步骤⑨、⑩完成了一个数据监控内容,根据实际功能需求,完成其他数据库、文本属性的配置。

⑫ 远程力控组合表数据采集监控界面参考如图 5-3-36 所示。

直流电压电流组合表1	直流电压电流组合表2	交流电压电流组合表1	交流电压电流组合表2
组件电压 0.00 V	组件电压 0.00 V	离网逆变器电压 0.00 V	离网逆变器电压 0.00 V
组件电流 0.00 A	组件电流 0.00 A	离网逆变器电流 0.00 A	离网逆变器电流 0.00 A
组件功率 0 W	组件功率 0 W	离网逆变器功率 0 W	离网逆变器功率 0 W

图 5-3-36 远程力控组合表数据采集监控界面参考

五、数据测试

先调试系统,然后根据接触器和继电器状态组合,填写测量数据(表 5-3-4)。

表 5-3-4 测量数据

按键1	按键2	按键3	按键4	按键5	按键6	按键7	按键8	按键9	按键10	直流电压电流组合表1	直流电压电流组合表2	交流电压电流组合表1	交流电压电流组合表2

注:根据开关按键的不同组合,观察直流电压电流组合表、交流电压电流组合表的变化,也可添加表格内容。

任务四 环境感知模块数据采集与监控

🔔 任务描述

本任务主要学习环境感知模块数据采集与监控系统画面的部署、I/O 驱动的设置、LoRa 模块参数的调试、环境感知模块数据的监控调试。

💎 相关知识

一、LoRa

LoRa 是 LPWAN(低功率广域网络)通信技术中的一种,是美国 Semtech

（升特）公司采用和推广的一种基于扩频技术的超远距离无线传输方案。这一方案改变了以往关于传输距离与功耗的折衷考虑方式，为用户提供了一种简单的能实现远距离、长电池寿命、大容量的系统，进而扩展传感网络。LoRa 技术具有远距离、低功耗（电池寿命长）、多节点、低成本的特性。

二、组态软件

组态软件可以理解为"组态式监控软件"。"组态（configure）"的含义是"配置""设定""设置"等，是指用户通过类似"搭积木"的简单方式来获得自己所需要的软件功能，而不需要编写计算机程序。组态有时候也被称为"二次开发"，组态软件就称为"二次开发平台"。"监控（supervisory control）"，即"监视和控制"，是指通过计算机信号对自动化设备或过程进行监视、控制和管理。

⊗ 任务实施

一、需求工具

工具明细见表 5-4-1 所列。

表 5-4-1 工具明细

序号	元件名称	规格	数量
1	钳形数字万用表	UT203	1 块
2	工具包	—	1 套
3	温度、湿度传感器	5 V 供电	1 个
4	光敏传感器	24 V 供电	1 个
5	485 转 USB 通信线	240 W	1 根
6	计算机	—	1 台

二、操作步骤

① LoRa 模块的配置：先分别将 LoRa 模块 1 和模块 2 的 485 端口通过 485 转 USB 通信线连接至电脑，然后打开"LoRa configuratI/On tool"，按顺序配置好参数及波特率。LoRa 模块的设置如图 5-4-1 所示。

实现点对点透传（默认工作协议为透传：TRNS），即设备 A 和设备 B 可通过无线网络进行串口间数据互相收发。本任务主要对以下参数进行配置:ID(就像每个人都对应一个唯一的身份证号一样,一个网络中若有多台设备,则 ID 是不可重复的)和透传地址(即最终目的地址)。在图 5-4-1 中,若设备 A 透传地址是"1",则 A 的数据就会发给 B;若设备 B 的透传地址是"0",则从 B 出来的数据只会发给 A。物理信道:LoRa 的带宽为 410~441 MHz,1000 Hz 为一个信道,共 32 个信道可供选择,因此需要根据实际环境调整此值。默认值为"24:433M"。LoRa 模块 1 和 LoRa 模块 2 的参数配置如图 5-4-2 所示。

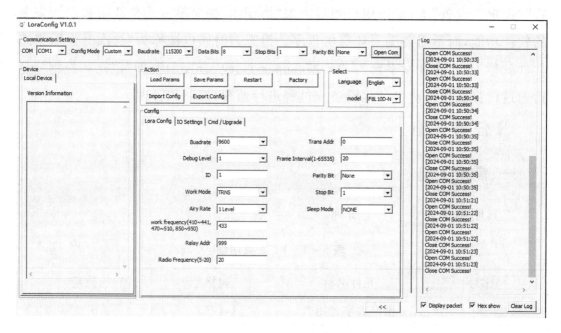

图 5-4-1 LoRa 模块的设置

图 5-4-2 LoRa 模块 1 和 LoRa 模块 2 的参数配置

a. 配置前最好先恢复出厂设置；

b. 设置完参数后,必须重启,参数才能生效。

c. 设置完成后重新按步骤接好 LoRa 模块 485 端的信号线。

② 温度、湿度传感器的 485 端口与光照度的 485 端并联后,出线至 LoRa 模块 1 的 485 端口;从 LoRa 模块 2 的 485 端口出线至 485 转 USB 通信线的 T/R+、T/R-端口,485 转 USB 通信线再连接至电脑。

③ 打开力控 7.1(ForceControl V7.1)软件,新建工程,进入"环境感知单元数据采集与监控系统",点击"开发",进入开发系统。在开发系统中,进入"I/O 设备组态",进行设备组态。MODBUS 标准设备驱动根据通信协议不同分为串口 ASCII、串口 RTU、TCP 等 3 种协议。我们选择"MODBUS(RTU 串行口)",双击进入设备组态用户界面进行配置。硬件通信配置如图 5-4-3 所示。

图 5-4-3　硬件通信配置

更新周期:默认 100 ms(毫秒)。也就是说每隔一个更新周期读一次数据包。请根据组态工程的实际需要和设备的通信反应时间确定更新周期。

超时时间:默认 3 s(秒)。当到超时时间的时候,设备的数据还没传上来被认为是一次通信超时。根据组态工程的实际需要和现场的通信情况设定。

硬件通信配置故障后恢复查询:当设备发生故障导致通信中断时,系统会每隔一定周期查询该设备。直到"最长时间"如果还没有反应,那么在这次运行过程中系统将不再查询该设备。"高级"请在组态软件工程人员的指导下使用,否则请保持默认状态。

图 5 - 4 - 4 为串口通信设置,根据设备的通信说明设置波特率、数据位、奇偶校验、停止位。

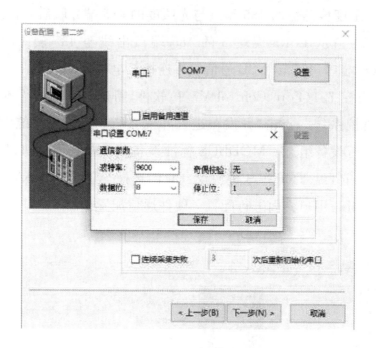

图 5 - 4 - 4　串口通信配置

图 5 - 4 - 5 是 MODBUS 协议通信设置。

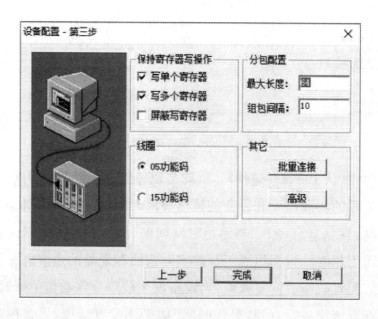

图 5 - 4 - 5　MODBUS 协议通信设置

32 位数据的读取：主要解决如何解析 32 位整数、浮点数的问题。请根据你所使用的 PLC 或智能模块中 32 位数据类型上传格式来选择相应的格式。

包的最大长度：MODBUS 中一条数据所读取的字节数。包的长度越长，一次读取的数据就越多，通信效率就越快。

MODBUS 协议中规定数据包最大长度不能超过 255。另外有些 PLC 对包长还有限制，请根据具体情况配置。

④ 完成对设备组态的配置后，数据库组态进行数据连接，如图 5 - 4 - 6 所示。

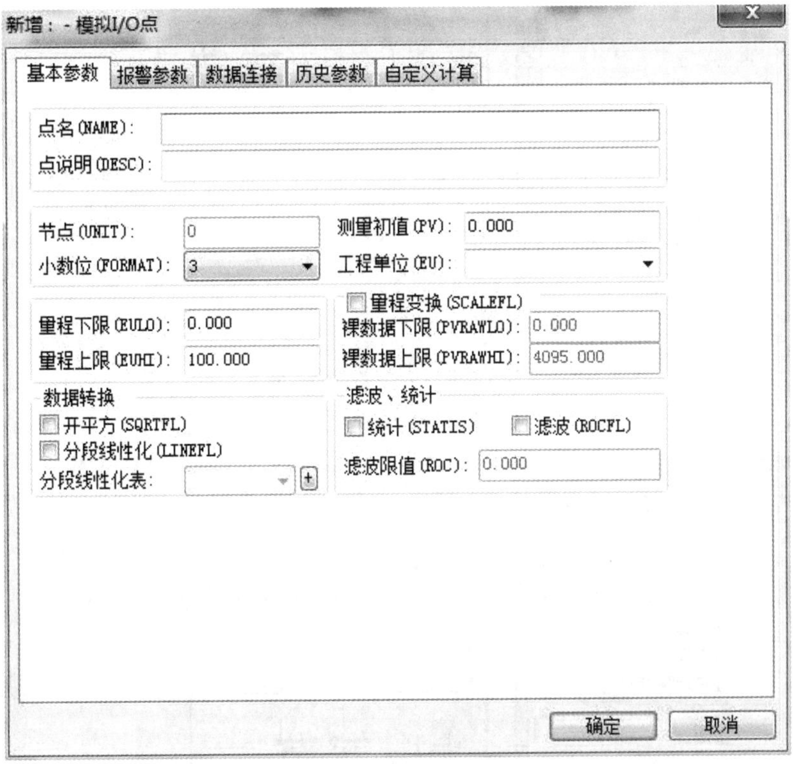

图 5 - 4 - 6　数据库组态进行数据连接

根据我们所用到的数据寄存器，选择相应的命令。完成数据库组态后，在窗口界面上新建一个空白窗口并命名为"环境感知"。

⑤ 在"环境感知"页面上添加文本，先在工具箱上点击"文本"。文本添加如图 5 - 4 - 7 所示。双击"光照度"后面的"＃＃＃＃"文本，在弹出的"动画连接"窗口内点击"数据连接"模块内的"模拟"，在弹出的对话框内输入"GZD. PV"，并依次为"温度""湿度"后面的"＃＃＃＃"文本连接上"WD. PV""SD. PV"。文本

设置如图 5-4-8 所示。

⑥ 配置完成后保存运行,打开窗口会看到运行效果。

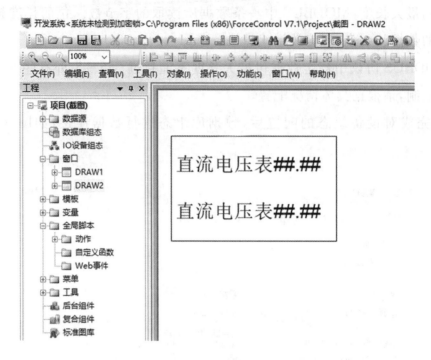

图 5-4-7　文本添加

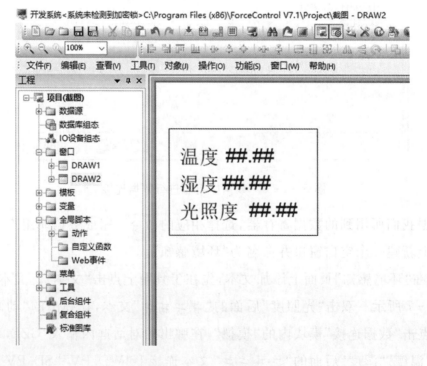

图 5-4-8　文本设置

⊗ 项目小结

本项目主要讲述了离网光伏工程交流远程控制系统、分布式光伏发电实训系统并网监控系统、分布式光伏发电实训系统离并网混合监控系统、环境感知模块数据采集与监控等内容。

⊚ 项目训练

1. 在给定的两种规格电池组件样板的基础上完成电路设计,测量开路电压、短路电流、峰值电压、峰值电流、最大功率(测量方法与单体电池相同),并将记录数据填入表5-4-2中。

表5-4-2　组件参数测量

组建规格	串联情况	并联情况	开路电压/V	短路电流/A	峰值电压/V	峰值电流/A	最大功率/W

2. 分别使用180 W的单晶硅和120 W的多晶硅组件搭建2 kW光伏发电系统,在相同条件下测量表5-4-3中数据内容。

表5-4-3　2 kW光伏发电系统组件参数测量

组件规格	串联情况	并联情况	开路电压/V	短路电流/A	峰值电压/V	峰值电流/A

3. 分析我国光伏发电装机容量,并填写表5-4-4。

表5-4-4　我国光伏发电装机容量　　　　单位:万kW

年份	光伏电站装机量	分布式光伏装机量
2013 年		
2014 年		
2015 年		
2016 年		
2017 年		

4. 表 5 - 4 - 5 是浙江省杭州地区的年辐射量数据表,请按照要求转换。

表 5 - 4 - 5　浙江省杭州地区的年辐射量数据表

月份	1月	2月	3月	4月	5月	6月	7月	8月	9月	10月	11月	12月
辐射量/ $(MJ/m^2/d)$	8.14	8.75	9.11	12.17	14.90	14.72	18.90	16.99	14.62	12.85	10.7	10.08
峰值日照时数/(h/d)												

分布式光伏发电实训系统原理图

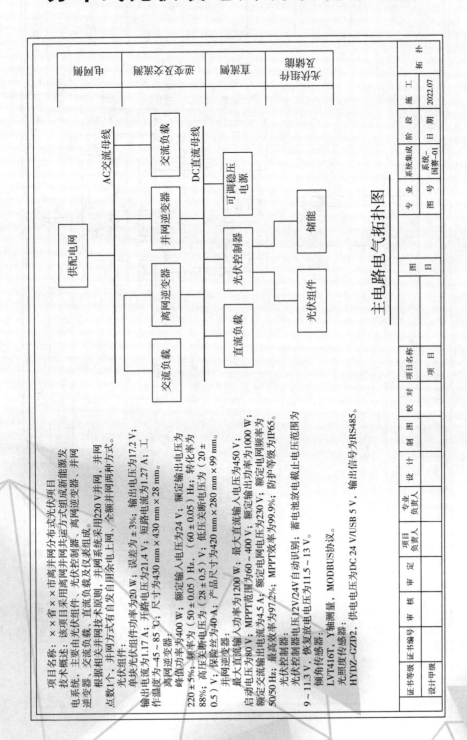

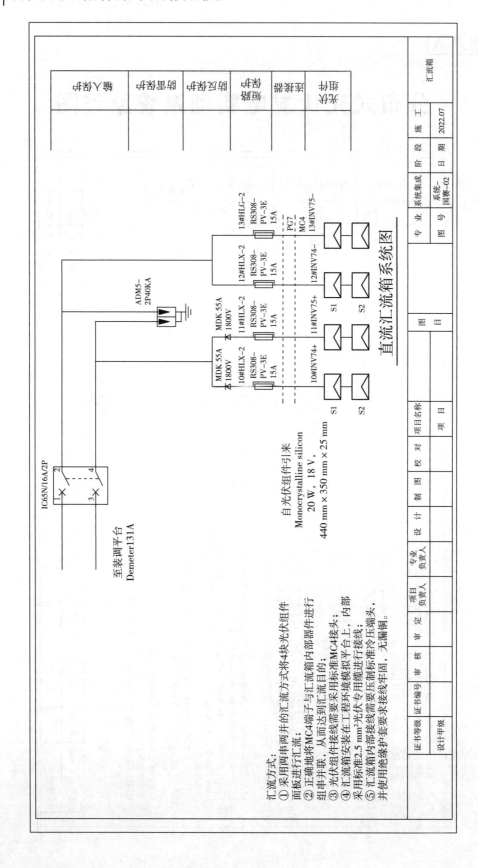

直流汇流箱系统图

汇流方式:
① 采用两串两并的汇流方式将将4块光伏组件面板进行汇流;
② 正确地将MC4端子与汇流箱内部器件进行组串并联,从而达到汇流目的;
③ 光伏组件安装在工程环境模拟平台上,内部接线需要采用标准MC4接头;
④ 汇流箱内部接线需要采用标准冷制压端头,采用标准2.5 mm²光伏专用电缆进行接线;
⑤ 汇流箱内部接线需要采用标准冷制压端头,并用使用绝缘护套要求接线牢固,无漏铜。

自光伏组件引来
Monocrystalline silicon
20 W, 18 V,
440 mm × 350 mm × 25 mm

证书等级	证书编号	审定	审核	审查	项目负责人	专业负责人	设计	制图	校对	项目名称	图目	专业	系统集成	阶段	施工
设计甲级										项目		图号	系统-国赛-02	日期	2022.07

汇流箱

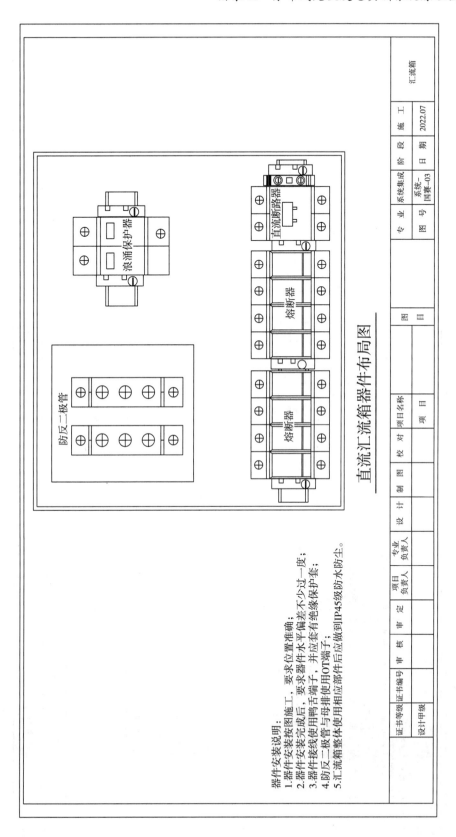

直流汇流箱器件布局图

器件安装说明：
1.器件安装按图施工，要求位置准确；
2.器件安装完成后，要求器件水平偏差不少过一度；
3.器件接线使用鸭舌端子，并应套有绝缘保护套；
4.防反二极管使用OT端子；
5.汇流箱整体使用相应部件后应做到IP45级防水防尘。

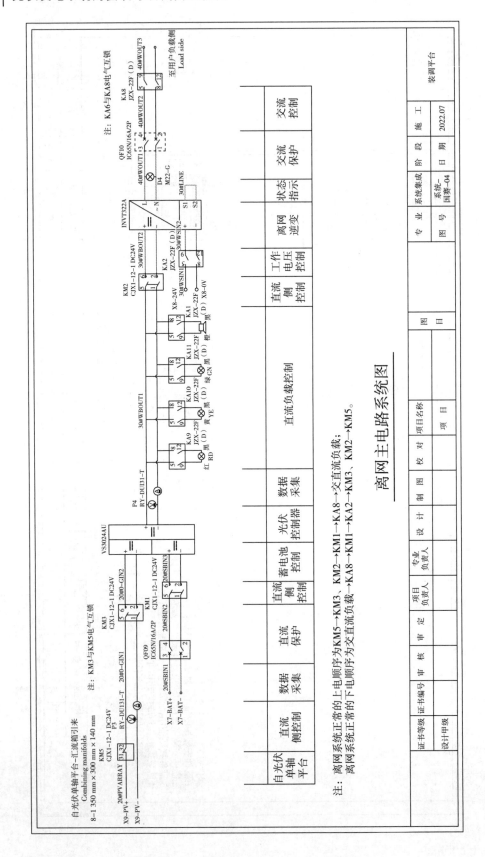

离网主电路系统图

注：离网系统正常的上电顺序为KM5→KM3、KM2→KM1→KA8→交直流负载；
　　离网系统正常的下电顺序为KA8→KM1→KA2→KM3、KM2→KM5。

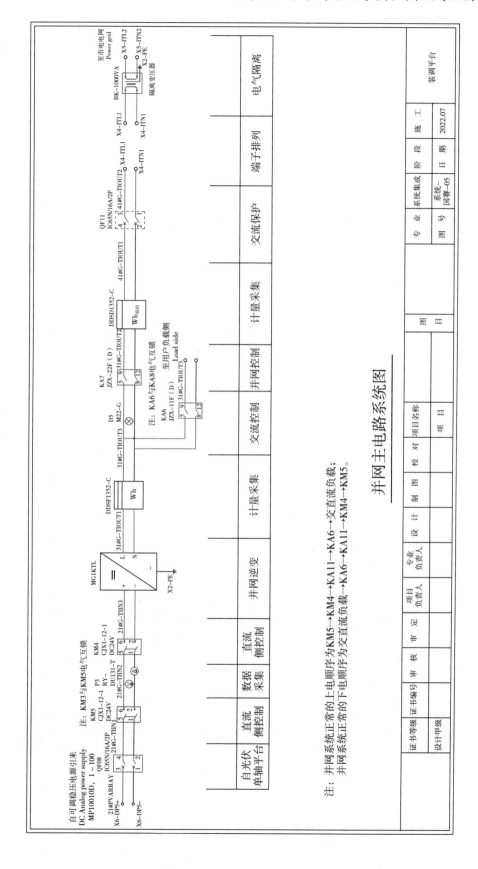

并网主电路系统图

注：并网系统正常的上电顺序为KM5→KM4→KA11→KA6→交直流负载；
　　并网系统正常的下电顺序为交直流负载→KA6→KA11→KM4→KM5。

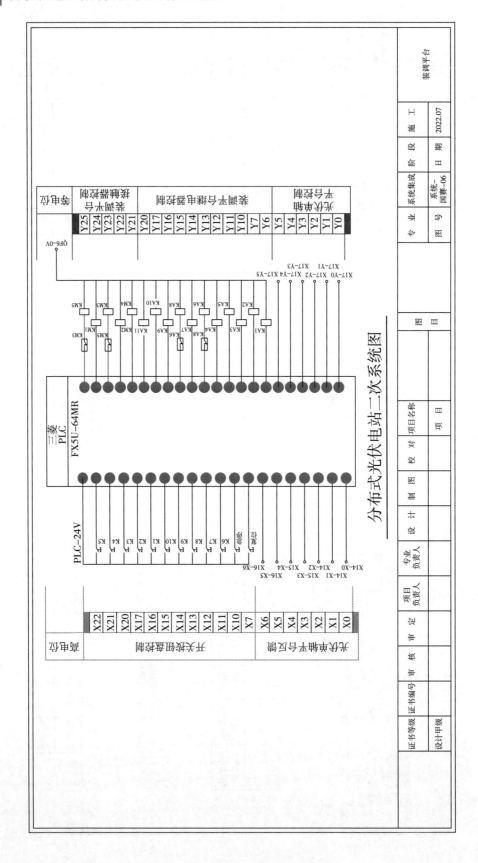

分布式光伏电站二次系统图

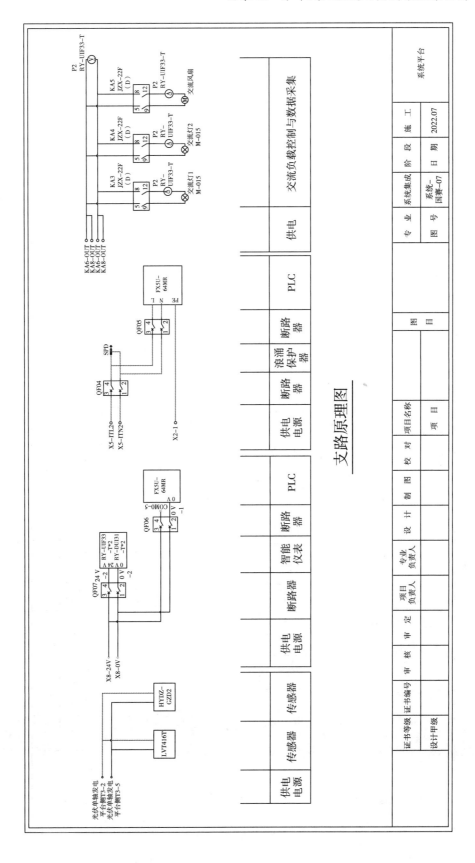

支路原理图

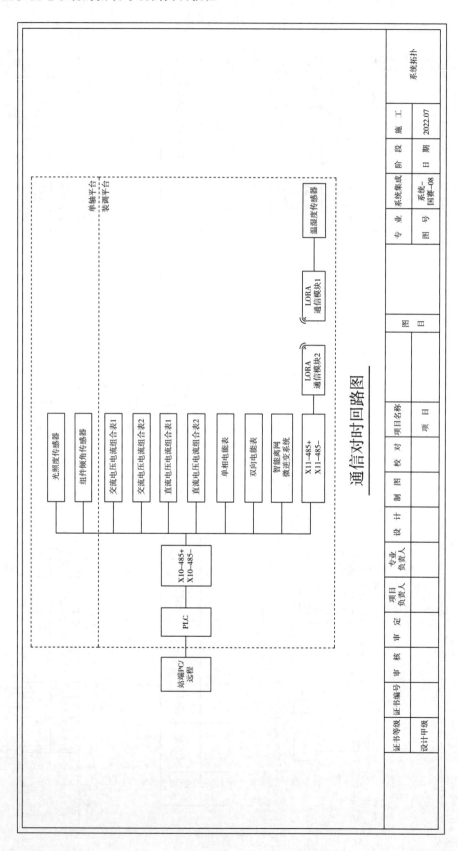

通信对时回路图

证书等级	证书编号	审 定		项目负责人		专业负责人		设 计		制 图		校 对		项目名称		图 目		专 业	系统集成	施 工		系统拓扑
设计甲级		审 核												项 目				图 号	系统-国赛-08	阶 段		
																				日 期	2022.07	

端子排列图

端子	名称	标记座	序号	航空线
X1	电源线	L	1	
	电源线	L	1	
		挡板		
	电源线	N	2	
	电源线	N	2	
X2	接地线	PE	1	
	接地线	PE	1	
	接地线	PE	1	
X3	电源	L1	1	
	电源	L1	1	
		挡板		
	电源	N1	2	
	电源	N1	2	
X4	隔离变压器输入	IT-L1	1	
	隔离变压器输入	IT-N1	2	
X5	隔离变压器输出	IT-L2	1	
		挡板		
	隔离变压器输出	IT-N2	2	
X6	可调稳压电源	DPS+	1	
		挡板		
	可调稳压电源	DPS-	2	
X7	蓄电池	BAT+	1	
		挡板		
	蓄电池	BAT-	2	

端子	名称	标记座	序号	航空线
X8	开关电源	24V+	1	航空线1
	开关电源	24V+	1	
	开关电源	24V+	1	
	开关电源	0V-	2	航空线2
	开关电源	0V-	2	
	开关电源	0V-	2	
X9	光伏阵列输入	PV+	1	航空线17
	光伏阵列输入	PV-	2	航空线18
X10	485+	485+	1	
	485-	485-	2	
X11	LORA485+	485+	1	
	LORA485-	485-	2	
X12	LORA485+	485+	1	
	LORA485-	485-	2	
X13	屏蔽层	PE		
X14	摆杆向东限位	X2	1	航空线3
	摆杆向西限位	X1	2	航空线4
	摆杆垂直限位	X0	3	航空线5
X15	组件向东限位	X3	1	航空线6
	组件向西限位	X4	2	航空线7
X16	光线传感器东限位	X6	1	航空线8
	光线传感器西限位	X5	2	航空线9
	备用端口		3	
X17	灯1控制信号	Y0	1	航空线11
	灯2控制信号	Y1	2	航空线12
	组件向东信号	Y4	3	航空线13
	组件向西信号	Y5	4	航空线14
	摆杆向东信号	Y3	5	航空线15
	摆杆向西信号	Y2	6	航空线16

装调平台		
专业	系统集成	
图号	系统-固赛-09	
阶段	施工	
日期	2022.07	
证书等级	设计甲级	

图目 项目名称 项目 图 对校 制图 设计 专业负责人 项目负责人 审定 审核

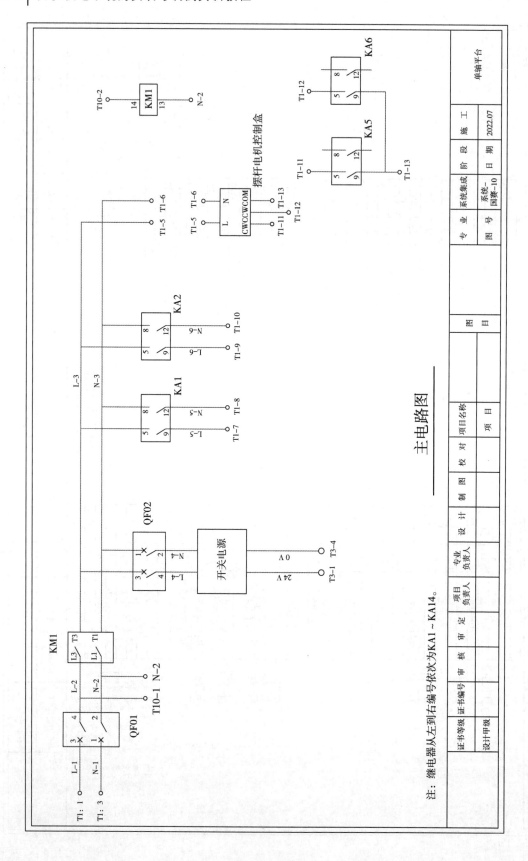

主电路图

注：继电器从左到右编号依次为KA1～KA14。

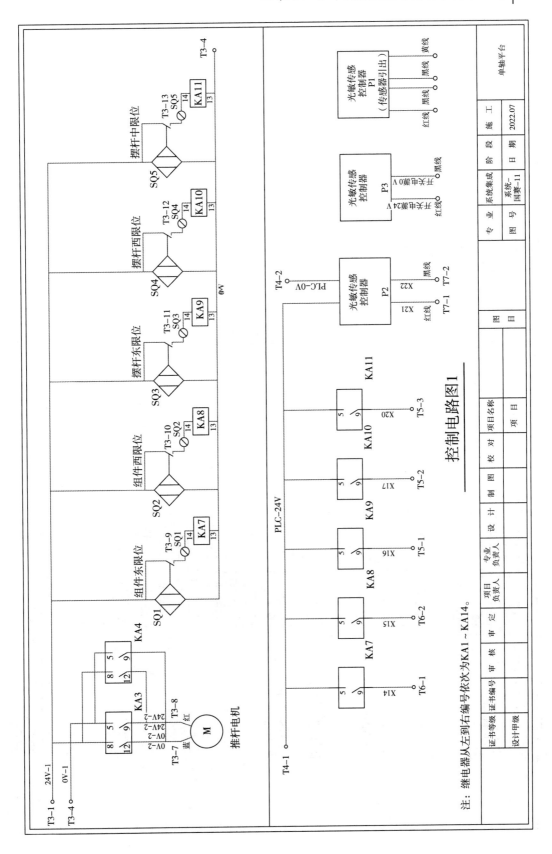

控制电路图1

注：继电器从左到右编号依次为KA1～KA14。

端子排列图

T1（固定座）

	序号	标记	名称
电源线	1	L-1	
电源线	2	L-1	
（挡板）			
电源线	3	N-1	
电源线	4	N-1	
（挡板）			
摆杆电机电源	5	L-3	
摆杆电机电源	6	N-3	
碘钨灯1电源	7	L-5	
碘钨灯1电源	8	N-5	
碘钨灯2电源	9	L-6	
碘钨灯2电源	10	N-6	
摆杆向东	11	CM	
摆杆向西	12	COM	
摆杆公共端	13	COM	

T2（标记座）

	序号	标记
接地线	1	PE
接地线	2	PE
接地线	3	PE

T3（挡板）

	序号	标记
开关电源	1	24V-1
开关电源	2	24V-1
开关电源	3	24V-1
开关电源	4	0V-1
开关电源	5	0V-1
开关电源	6	0V-1
组件电机电源	7	24V-2
组件电机电源	8	0V-2
组件东限位线圈	9	SQ1
组件西限位线圈	10	SQ2
	11	SQ3
摆杆西限位线圈	12	SQ4
摆杆中限位线圈	13	SQ5

T4 开关电源24V 1 24V
T5 开关电源0V 2 0V

	序号	标记
摆杆向东限位	1	X3
摆杆向西限位	2	X2
摆杆垂直限位	3	X1

T6（标记座）

	序号	标记
组件向东限位	1	X4
组件向西限位	2	X5

T7 光敏传感控制器东 / 光敏传感控制器西

	序号	标记座
光敏传感控制器东	1	X7
光敏传感控制器西	2	X6
备用	3	

T8（标记座）

	序号	标记
灯1控制信号	1	Y0
灯2控制信号	2	Y1
组件向西信号	3	Y4
组件向东信号	4	Y5
摆杆向东信号	5	Y3
摆杆向西信号	6	Y2

T9（标记座）

	序号	标记
光伏组件汇流	1	+
光伏组件汇流	2	-
未使用	3	
未使用	4	
未使用	5	
未使用	6	
未使用	7	
未使用	8	

T10（标记座）

	序号	标记
手操器急停	1	L-2
手操器急停开关	2	101
手操器手自动切换	3	102
手操器灯1	4	103
手操器灯2	5	104
手操器组件向东	6	105
手操器组件向西	7	106
手操器摆杆向东	8	107
手操器摆杆向西	9	108
手操器电源	10	24V-1

单轴PDU-L　单轴PDU-N　单轴PDU-PE　组件倾角仪VCC　光照度传感器VCC　组件倾角仪GND　光照度传感器GND

航空线1　航空线2　航空线3　航空线4　航空线5　航空线6　航空线7

航空线8　航空线9　航空线11　航空线12　航空线13　航空线14　航空线15　航空线16　航空线17　航空线18

证书等级	证书编号		图	图目	项目名称	项目	专业	系统集成	阶段	施工
设计甲级							图号	系统-国赛-12	日期	2022.07

专业负责人　项目负责人　审定　审核　审查　校对　制图　设计

单轴平台

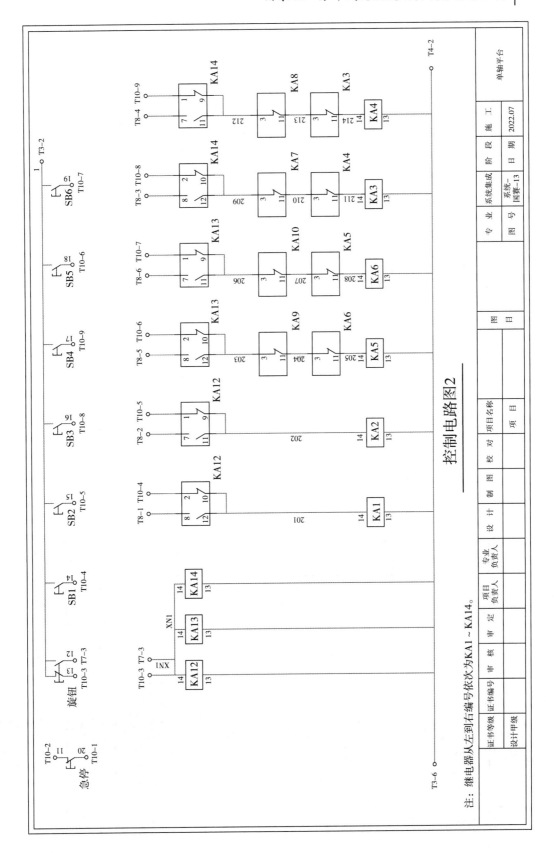

控制电路图2

注：继电器从左到右编号依次为KA1～KA14。

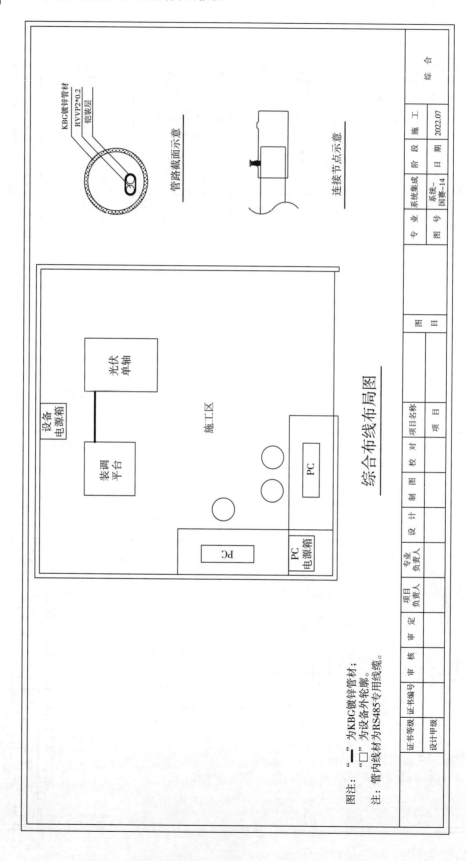

图注：　"——"为KBG镀锌管材；
　　　　"□"为设备外轮廓。
注：管内线材为RS485专用线缆。

综合布线布局图

管路截面示意

KBG镀锌管材
RVVP2*0.2
铠装层

连接节点示意

设备
电源箱

光伏
单轴

装调
平台

施工区

PC

PC

PC
电源箱

| 专 | 业 | 系统集成 | 阶 | 段 | 施 工 |
| 图 | 号 | 系统- 国赛-14 | 日 | 期 | 2022.07 |

证书等级	证书编号
设计甲级	

职业院校技能大赛相关内容

1. 2022 年全国
职业院校技能大赛
分布式光伏系统的
装调与运维赛项规程

2. "分布式光伏
系统的装调与运维"
赛项任务书
（公开赛题部分）

3. 某市职业技能
大赛"分布式光伏系统
的装调与运维"
赛项任务书

4. 2022 年全国职业
院校技能大赛"分布式
光伏系统的装调与运维"
竞赛任务书样题

5. 2021 年全国职业
院校技能大赛竞赛"分布式
光伏系统的装调与运维"
任务书样题

6. 某市职业院校
技能大赛"分布式
光伏系统的装调与运维"
选拔赛任务书

参考文献

[1] 陈圣林,董圣英.光伏发电系统安装与调试[M].北京:中国水利水电出版社,2016.

[2] 一般社团法人太阳光发电协会.太阳能光伏发电系统的设计与施工[M].宁亚东,译.北京:科学出版社,2013.

[3] 郑军,张玉琴.光伏技术基础与技能[M].北京:电子工业出版社,2010.

[4] 崔陵.可编程控制器技术应用[M].北京:高等教育出版社,2014.

[5] 胡修玉,张志清.PLC应用技术[M].北京:国防工业出版社,2015.

[6] 李金城.PLC模拟量与通信控制应用实践[M].2版.北京:电子工业出版社,2018.

[7] 李金城,付明忠.三菱FX系列PLC定位控制应用技术[M].北京:电子工业出版社,2014.

[8] 廖常初.PLC编程及应用[M].4版.北京:机械工业出版社,2013.

[9] 尚川川,庞新民.PLC技术应用.北京:清华大学出版社,2016.